JN036528

毎年出る！

# センバツ**33**題

中川雅夫 著

# 物　理

[物理基礎・物理]

## 別冊問題

旺文社

毎年出る！
センバツ**33**題

中川雅夫 著

物 理

［物理基礎・物理］

別冊
問題

旺文社

# 問題　目次

# 第 1 章 ｜ 力学

**1**

⏱ 20 分　解答は本冊 p.6

次の文章の $\boxed{(1)}$ ～ $\boxed{(9)}$ に適切な答えを入れよ。ただし，$\boxed{(1)}$ は適切な用語を，$\boxed{(3)}$ は適切な数値を，$\boxed{(2)}$，$\boxed{(4)}$ ～ $\boxed{(9)}$ は適切な式を答えよ。なお，重力加速度の大きさを $g$ とし，空気抵抗を無視できるとする。

大きさのある物体の全質量に対する重力がはたらく作用点を $\boxed{(1)}$ という。図1に示すように，厚さと幅を無視できる長さ $6L$，質量 $M_0$ の一様で表面がなめらかな板に，質量が無視できる高さ $L$ の支柱を用いて，板の左端から $2L$ の位置を支点Oとするシーソーを組み立てる。板は支点Oを中心に自由に回転できる。板の $\boxed{(1)}$ は，板の左端から距離 $\boxed{(2)}$ の地点に位置する。ここで，大きさを無視できる質量 $M$ の小物体を板の左端に固定し，図1のように板の左端をなめらかな地面に接地させる。板の左端が地面から離れないようにするためには，$M$ を $M_0$ の $\boxed{(3)}$ 倍以上にしなければならない。ここで，$M$ が $M_0$ の $\boxed{(3)}$ 倍より大きい場合を考える。板の左端が接地した状態において，板の左端が地面から受ける垂直抗力の大きさを $N_1$，支柱が地面から受ける垂直抗力の大きさを $N_2$ とする。地面の垂直方向上向きを正とした力のつりあいの式は，$\boxed{(4)}=0$，反時計まわりの向きを正とした支点Oまわりの力のモーメントのつりあいの式は，$\boxed{(5)}=0$ となる。これらの式より $N_1=\boxed{(6)}$，$N_2=\boxed{(7)}$ となる。

この状態で，図2のように，板の左端から $4L$ の位置に大きさを無視できる質量 $m$ の小球を置く。小球が動かないように水平方向右向きの力 $F$ を小球の中心に向かって加えるとすると，$F$ の大きさは $\boxed{(8)}$ である。ただし，板の左端が地面から離れないようにするためには，$m$ を $\boxed{(9)}$ 以下とする必要がある。

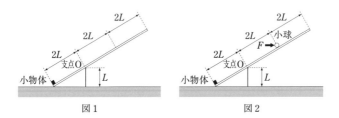

図1　　　　　　　図2

(横浜国立大)

**2** ⏲15分　解答は本冊 p.9

図に示すように水平な地面の上に原点Oをとり，地面に沿って右向きに $x$ 軸を，鉛直上向きに $y$ 軸をとる。時刻 0 において，質量 $m$ の小球Aを原点から速さ $v$ で，水平面となす角度が $\theta\left(0<\theta<\dfrac{\pi}{2}\right)$ となる方向に投げ出した。また，同じ時刻 0 において，質量 $m$ の小球Bを，

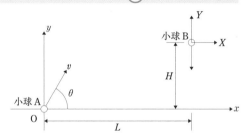

$(x,\ y)=(L,\ H)\ (L>0,\ H>0)$ の点から静かに落下させた。図に示すように $x$ 軸，$y$ 軸と平行に，移動する小球Bを原点とする $X$ 軸と $Y$ 軸を考える。重力加速度の大きさを $g$ とし，以下の問いに答えよ。ただし，運動はすべて $xy$ 平面内で起こり，小球の大きさと空気抵抗は無視できるものとする。

**問1**　小球AとBが衝突することなく運動した場合を考える。時刻 $t$ において，小球AとBはいずれも，地面に落ちることなく運動していたものとする。

(1)　時刻 $t$ における $xy$ 座標上の小球Aの位置を $(x_A,\ y_A)$ とする。$x_A$ と $y_A$ をそれぞれ，$g$, $H$, $L$, $m$, $t$, $v$, $\theta$ の中から必要なものを用いて表せ。

(2)　時刻 $t$ における小球Bから見た小球Aの相対速度の $x$ 成分を $v_x$ とし，$y$ 成分を $v_y$ とする。$v_x$ と $v_y$ をそれぞれ，$g$, $H$, $L$, $m$, $t$, $v$, $\theta$ の中から必要なものを用いて表せ。

(3)　時刻 $t$ における $XY$ 座標上の小球Aの位置を $(X_A,\ Y_A)$ とする。$X_A$ と $Y_A$ の関係を表す式を求めよ。その関係式には，$X_A$, $Y_A$ の他に，$g$, $H$, $L$, $m$, $v$, $\theta$ の中から必要なものを用いよ。

**問2**　小球Aを投げ出す速さを $v_1$，角度を $\theta_1\left(0<\theta_1<\dfrac{\pi}{2}\right)$ にしたところ，2 つの小球は地面に落ちる前に衝突した。

(1)　$\tan\theta_1$ を，$g$, $H$, $L$, $m$, $v_1$ の中から必要なものを用いて表せ。

(2)　$v_1$ が満たすべき条件を，$g$, $H$, $L$, $m$ の中から必要なものを用いて表せ。

（東京農工大）

**3** ⏱20分　解答は本冊 p.11

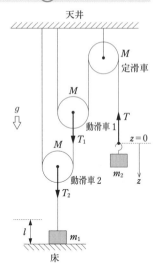

　図のように1つの定滑車と，2つの動滑車（1と2）が天井からつり下げられている。これら3つの滑車は同一の質量 $M$〔kg〕をもつものとする。使用しているすべてのひもは伸びず，その質量は無視できるものとする。動滑車2の中心と床面上に置かれた質量 $m_1$〔kg〕の物体をひもでつないでいる。また，質量 $m_2$〔kg〕のおもりを定滑車にかけられたひもの端（力点）に取りつけている。おもりの質量 $m_2$ は物体の質量 $m_1$ よりも大きいと仮定する（$m_2 > m_1$）。図において，$T$〔N〕はおもりをつっているひもの力（張力）の大きさであり，$T_1$〔N〕は動滑車1の中心につけられたひもの張力の大きさ，$T_2$〔N〕は動滑車2の中心につけられたひもの張力の大きさである。初期状態において，動滑車2と質量 $m_1$ の物体をつないでいるひもが，たわまず，なおかつ，力がはたらかないように質量 $m_2$ のおもりを手で支える。この状態において，定滑車にかけた

ひもの端が，鉛直下方にとった座標 $z$〔m〕の原点（$z = 0$ m）にあると仮定する。質量 $m_2$ のおもりを支えていた手をそっとはなすと，質量 $m_2$ のおもりは初速度 0 m/s で鉛直下方に加速度 $a$〔m/s²〕の等加速度運動を開始した。このとき，すべての滑車と物体とおもりは鉛直方向にのみ動き，振動はしないものと仮定する。滑車と物体とおもりの動きに対する空気抵抗は無視できる。3つの滑車において摩擦ははたらかず，滑車の回転にともなう回転エネルギーは無視できるとする。重力加速度の大きさを $g$〔m/s²〕とするとき，以下の問いに答えよ。

(1)　3つの滑車の質量 $M$ が無視できるとき（$M = 0$ kg），おもりの等加速度運動の開始後に，ひもにはたらく張力 $T$，$T_1$，$T_2$ の大きさの比 $T : T_1 : T_2$ を求めよ。

(2)　3つの滑車の質量 $M$ が無視できるとき，おもり（質量 $m_2$）についての運動方程式を示せ。

(3)　3つの滑車の質量 $M$ が無視できるとき，物体（質量 $m_1$）が上昇する加速度の大きさはおもりの加速度の大きさ $a$ の何倍であるか求めよ。

(4)　3つの滑車の質量 $M$ が無視できるとき，おもり（質量 $m_2$）の加速度 $a$ の大きさを求めよ。

(5)　3つの滑車の質量 $M$ が無視できるとき，物体（質量 $m_1$）の底が床面を離れてから高さ $l$〔m〕に至るまでの時間 $t$〔s〕を，加速度の大きさ $a$ と高さ $l$ を含む形式で求めよ。また，物体の底が床面から高さ $l$ になった瞬間の物体の上昇速度の大きさ $v_1$〔m/s〕を，加速度の大きさ $a$ を含まない形式で求めよ。ただし，物体が高さ $l$ に到達するまで，おもりは一定の加速度の大きさ $a$ で運動を続けるものとする。

(6)　3つの滑車の質量 $M$ がおもりの質量と等しく $M = m_2$ であるとき，動滑車1の中心につけられたひもの張力 $T_1$ の大きさを求めよ。また，動滑車2の中心につけられたひもの張力 $T_2$ の大きさを求めよ。ただし，質量 $m_2$ を含む形式で，それぞれ答えること。また，おもりの加速度 $a$ の大きさを求めよ。

（鳥取大）

**4**
20分　解答は本冊 p.13

以下の問いに答えよ。

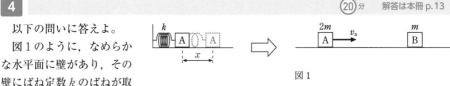

図1のように，なめらかな水平面に壁があり，その壁にばね定数 $k$ のばねが取りつけられている。水平面上に置かれた質量 $2m$ の小物体Aをばねに接触させてばねを自然長から長さ $x$ だけ縮め，静かに手をはなした。すると小物体Aはばねから離れ，その後，水平面上を右向きに一定の速度 $v_a$ で運動し，静止していた質量 $m$ の小物体Bと衝突した。ただし，右向きを正，重力加速度の大きさを $g$ とする。

図1

(1) 自然長から $x$ 縮められたばねに蓄えられた弾性エネルギーを求めよ。

(2) 小物体Aの速度 $v_a$ を求めよ。

(3) 小物体AとBのはねかえり係数が $e\,(0<e<1)$ のとき，衝突後の小物体Bの速度 $v_b{}'$ を $v_a$ を用いて表せ。

(4) 衝突後の小物体Aの運動の向きを答えよ。

次に，図2のように，衝突後，右向きに速度 $v_b{}'$ で運動していた小物体Bが上面が水平面と同じ高

図2

さの台車にのり移ると，台車は右向きに動き出した。小物体Bは台車の上で $l$ だけすべり，その後は台車と一体となって水平面を右向きに速度 $V$ で運動した。台車の質量は $M$ で，台車と床の間には摩擦力ははたらかず，小物体Bと台車の間には摩擦力がはたらき，その動摩擦係数は $\mu'$ である。また右向きを正，重力加速度の大きさを $g$ とする。

(5) 小物体Bが台車の上をすべっているときの小物体Bおよび台車の床に対する加速度をそれぞれ求めよ。

(6) 速度 $V$ を $M$，$m$，$v_b{}'$ を用いて表せ。

(7) 小物体Bが台車の上をすべっていた時間 $t$ を $g$，$\mu'$，$V$，$M$，$m$ を用いて表せ。

(8) 小物体Bが台車の上ですべる間に失われた全力学的エネルギー $\varDelta E$ を $M$，$m$，$v_b{}'$ を用いて表せ。

(9) 小物体Bが台車の上をすべった距離 $l$ を $g$，$\mu'$，$\varDelta E$，$m$ を用いて表せ。

(10) 小物体Bが台車にのってからの台車の速度と時間の関係の概略図を描け。ただし，小物体Bが台車にのった瞬間の時刻を $0$，小物体Bが台車の上で停止した時刻を $t$ とする。

(大分大)

次の文章を読み，以下の問(1)～(6)に答えよ。ただし，重力加速度の大きさを $g$ 〔m/s²〕，円周率を $\pi$ とする。

図1のように，中心軸が鉛直で斜面がなめらかな円錐があり，その頂点から鉛直に棒が立っている。棒の頂点には，長さ $L$ 〔m〕の軽い糸がつながれており，糸の先端にある質量 $m$ 〔kg〕の小球が円錐斜面上を等速円運動している。

図1

小球の円運動の角速度を徐々に増したところ，角速度 $\omega_1$ 〔rad/s〕（周期 $T_1$ 〔s〕）になった瞬間に，小球は斜面から浮上し始めた。このとき，糸が鉛直となす角は $\theta$（$\theta < 45°$）であった。

(1)　このとき，糸が小球を引く力の大きさ $S_1$ 〔N〕を $m$，$g$，$\theta$ で表せ。

(2)　角速度 $\omega_1$ を，$g$，$L$，$\theta$ で表せ。

(3)　周期 $T_1$ を，$g$，$L$，$\theta$ で表せ。

(4)　このときの小球の運動エネルギー $K_1$ 〔J〕を，$m$，$g$，$L$，$\theta$ で表せ。

次に，角速度を徐々に増加させて $\omega_2$ 〔rad/s〕（周期 $T_2$ 〔s〕）にしたところ，図2のように糸が鉛直となす角は $2\theta$ となった。

図2

(5)　このときの小球の位置エネルギーは角速度 $\omega_1$ のときよりも $\Delta E_p$ 〔J〕だけ増加した。この $\Delta E_p$ を，$m$，$g$，$L$，$\theta$ で表せ。

(6)　このときの小球の力学的エネルギーは角速度 $\omega_1$ のときよりも $\Delta E$ 〔J〕だけ増加した。$\theta = 30°$ の場合の $\Delta E$ 〔J〕を，$m$，$g$，$L$ を用いて表せ。

（岩手大）

**6** ⏱(17)分　解答は本冊 p.17

次の文章を読んで ____ に適した式または値をそれぞれ記せ。

**問1** 図1のように，半径 $r$ の半円筒が水平な床に固定されている。すべての面はなめらかであるとし，重力加速度の大きさを $g$ とする。また，半円筒の内面の位置は角度 $\theta$ を用いて表すことにする。

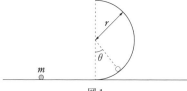

図1

　　いま，大きさの無視できる質量 $m$ の小球を床の上に置き，水平右向きに初速度 $v_0$ を与えた。小球が半円筒の内面に沿って運動するとき，角度 $\theta$ における小球の速さは ____(1)____ であり，その速さで円運動するための向心力の大きさは ____(2)____ である。また，このとき小球が半円筒から受ける垂直抗力の大きさは ____(3)____ である。小球が半円筒の上端（$\theta=\pi$）に達するための条件は $v_0 \geqq$ ____(4)____ となる。また，$v_0 =$ ____(4)____ のとき，$\theta=\pi$ における小球の速さは，$r$ と $g$ を用いて表すと ____(5)____ となる。

**問2** 図2のように，半円筒の左側の床に傾き $\phi$ のなめらかな斜面をもつ台を置く。時刻 $t=0$ に，台の高さ $h$ の位置に小球を置き，同時に

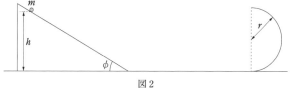

図2

台を一定の加速度で水平右向きに動かす。この加速度の大きさを $a$ とする。なお，台は半円筒には到達しないものとする。また，小球は台上でははねないものとする。

　　まず，台と一緒に動く人から見た小球の運動を考える。小球が台上にあるとき，小球には水平左向きに大きさ $ma$ の慣性力が作用する。このとき，小球が斜面から受ける垂直抗力の大きさは ____(6)____ である。また，小球にはたらく力の斜面方向の成分は ____(7)____ である。ただし，斜面に沿って下向きを正とする。小球が高さ $h$ で静止している場合，台の加速度の大きさは $a_0 =$ ____(8)____ である。

　　次に，床に静止している人から見た小球の運動を考える。ここでは，台の加速度の大きさ $a$ は $a < a_0$ を満たすとし，$x$ 軸を水平右向き，$y$ 軸を鉛直下向きにとる。小球が台上にあるとき，小球の $x$ 軸方向の加速度は ____(9)____ ，$y$ 軸方向の加速度は ____(10)____ である。また，時刻 $t$ での小球の速さは ____(11)____ である。小球が床に到達すると同時に台を止める。このときの時刻は ____(12)____ である。その後，小球は床をすべり，半円筒の内面に沿って運動し始めた。いま，$\phi=\dfrac{\pi}{4}$，$h=\dfrac{3}{2}r$ とすると，小球が半円筒の上端（$\theta=\pi$）に達するためには $a \geqq$ ____(13)____ である必要がある。

（和歌山県立医大）

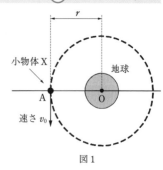

**7** ⏱ ⑬分　解答は本冊 p.19

　図1のように，質量 $m$ の小物体Xを地球の中心Oから距離 $r$ だけ離れた点AからOAに垂直な方向へ速さ $v_0$ で打ち出したところ，小物体Xは半径 $r$ の円軌道を描いて地球を周回するようになった。地球の質量を $M$，万有引力定数を $G$ とし，$r$ は地球の半径より大きいものとする。また，地球の大気，自転および公転の影響，地球以外の天体の影響は無視できるものとする。以下の問いに答えよ。

(1) 速さ $v_0$ を $m$，$M$，$G$，$r$ のうち必要なものを用いて表せ。また，導き方も記せ。

(2) 円運動の周期を $m$，$M$，$G$，$r$ のうち必要なものを用いて表せ。

　図2のように点AからOAに垂直な方向へ速さ $s_0$ $(s_0 > v_0)$ で小物体Xを打ち出した。小物体Xは点Oを1つの焦点とする楕円軌道を描いて地球を周回するようになった。このとき，点Oから最も近い軌道上の点はAで，最も遠い軌道上の点はBとなり，OB間の距離は $R$ $(R > r)$ であった。

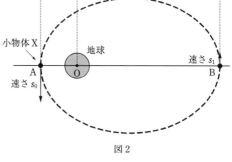

図2

(3) ケプラーの第2法則（面積速度一定の法則）から点Bでの速さ $s_1$ を $G$，$M$，$m$，$R$，$r$，$s_0$ のうち必要なものを用いて表せ。

(4) 速さ $s_0$ を $G$，$M$，$m$，$R$，$r$ のうち必要なものを用いて表せ。また，導き方も記せ。

(5) 速さ $s_0$ がある速さ $V$ 以上になると小物体Xは，点Aに戻れなくなる。速さ $V$ を $G$，$M$，$m$，$r$ のうち必要なものを用いて表せ。また，導き方も記せ。

(広島大)

**8** ⏱(13)分　解答は本冊 p.21

　図のように，水平面上にあるばね定数 $k$ の
つる巻きばねにつながれた質量 $m$ の物体の
運動について，以下の問いに答えよ。ただし，
ばねが自然長のときの物体の位置を原点

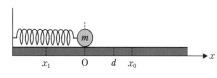

O $(x=0)$，重力加速度の大きさを $g$，円周率を $\pi$ とする。また，物体は水平方向にのみ運動
し，ばねの質量および空気抵抗，物体の大きさは無視できるものとする。

運動1：このばねを自然長から長さ $l$ だけ縮めて静かにはなしたところ，物体は単振動した。
　このとき，物体と水平面との摩擦はないものとする。

(1) 物体が原点Oから $x$ だけ変位したときの加速度を $a$，右向きを正として，物体の運動方
　程式を記せ。

(2) この単振動の振幅および周期を $m$，$g$，$k$，$l$，$\pi$ のうち必要なものを用いて表せ。

(3) 原点Oを通るときの速さを表せ。

運動2：物体と水平面との間に摩擦力がはたらくとする。物体を右方向に $x$ だけ引いて静か
　にはなしたところ，$x$ が原点から距離 $d$ 以下のとき，物体はその位置で止まったまま動か
　なかった。
　　次に，物体を距離 $d$ より離れた位置 $x_0$ $(x_0 > d)$ まで引いて静かにはなしたところ，物体
　は動き出し，最大の速さ $v_m$ に達した後，減速して位置 $x_1$ で速さが0となった。その後，
　物体は逆向きに動き出し，複数回折り返して位置 $x_s$ で停止した。

(4) 物体と水平面との静止摩擦係数および動摩擦係数を $m$，$g$，$k$，$d$，$x_0$，$x_1$ のうち必要な
　ものを用いて表せ。

(5) 最大の速さ $v_m$，およびそのときの位置 $x_m$ を $m$，$g$，$k$，$d$，$x_0$，$x_1$ のうち必要なものを
　用いて表せ。

(6) 物体が位置 $x_s$ で止まるまでの全行程の長さを $m$，$g$，$k$，$d$，$x_0$，$x_1$，$x_s$ のうち必要なも
　のを用いて表せ。

（浜松医大）

**9**

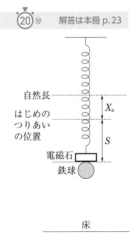

図のように，質量 $M$ の電磁石がばね定数 $k$ のばねにつながれている。電磁石には質量 $m$ の鉄球がぶら下がっているが，任意の時間で電磁石のスイッチを切って，鉄球と電磁石との間にはたらく磁力を0とすることができる。鉛直上方を正とし，ばね・電磁石・鉄球は鉛直方向のみに運動する。また，鉄球および電磁石の大きさと空気抵抗は無視できる。重力加速度の大きさを $g$ とし，鉛直下方に重力が作用する。さらに，鉄球および電磁石は振動中に床に接触しないものとする。また，床と鉄球とのはねかえり係数を1とし，鉄球と電磁石とのはねかえり係数を $e$ とする。以下の問いに対して，$M, m, k, g$ ならびに後から述べる距離 $S$ の中から適切な記号を用いて解答せよ。

(1) はじめにばねと電磁石・鉄球はつりあいの位置にあり，静止していた。このとき，つりあいの位置の自然長からの距離 $X_a$ を求めよ。

(2) 次に，つりあいの位置で静止していた鉄球・電磁石を，つりあいの位置から距離 $S$ だけ引き伸ばして初速度0で単振動させた。このとき，振動の周期 $T_a$ を求めよ。また，鉄球・電磁石がつりあいの位置を通過するときの速さ $V_a$ を求めよ。

(3) 単振動を開始してからちょうど $\dfrac{3}{4}$ 周期後に電磁石のスイッチを切ったところ，電磁石はそれまでとは異なる振幅・周期で単振動し，鉄球は重力により落下した。自然長から，電磁石の新たな単振動の中心位置までの距離 $X_b$ と，振幅の大きさ $A$，および周期 $T_b$ を求めよ。

(4) 一方，電磁石のスイッチを切った後，鉄球は落下し床と衝突して鉛直上方にはねかえり，スイッチを切ってから電磁石がちょうど1回振動したときに，電磁石と衝突した。スイッチを切ったときの鉄球の床からの高さ $H$ を求めよ。

(5) 鉄球と電磁石が衝突した直後の，鉄球と電磁石の運動量 $P_b, P_c$ をそれぞれ求めよ。電磁石のスイッチは切ったままであるとし，$e = 0.5$ とする。

(6) 一方，鉄球と電磁石が衝突した瞬間に電磁石のスイッチを入れ，鉄球・電磁石を再びくっつけた場合を考える。その直後の，電磁石・鉄球の運動量 $P_d$ を求めよ。　　　　(早稲田大)

# 第 2 章 | 熱力学

**10**  ⏱ ⑫分  解答は本冊 p.25

次の文章を読み，以下の問(1)〜(4)に答えよ。

図1のように，断熱容器内に質量 $m_A$ 〔g〕の金属製容器を入れた水熱量計を製作し，以下の実験を行った。ここでは，断熱容器の中と外との熱の出入りはないものとし，温度計，かき混ぜ棒，断熱容器のそれぞれの熱容量と，かき混ぜ棒を使ったかき混ぜの仕事は無視できるものとする。

実験1：この水熱量計の金属製容器に質量 $m_B$ 〔g〕の水を入れて，かき混ぜ棒で水をかき混ぜながら，水温の変化を観察した（図2）。その結果，水温はわずかに上昇してしばらくすると一定となり，それ以後の水温は変わらなかった。

実験2：質量 $m_X$ 〔g〕の金属球がある。この金属球の温度が90℃になるよう十分に加熱しておき，その後にすばやくこの水熱量計内の金属製容器に入れて，かき混ぜ棒でよくかき混ぜ，十分に時間が経ったところで水温を測定した（図3）。

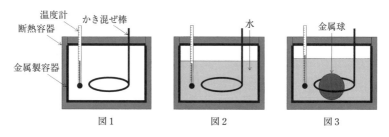

図1     図2     図3

(1) 実験1，実験2のいずれも，実験による操作の後に水温が一定となった。このような状態を特に熱に着目して何というか。

(2) 実験1において，はじめの金属製容器の温度を $t_A$ 〔℃〕，加えた水の温度を $t_B$ 〔℃〕，一定となったときの水温を $t_1$ 〔℃〕とする。温度に関係なく，容器に用いられている金属の比熱を $c_A$ 〔J/(g·K)〕，水の比熱を $c_B$ 〔J/(g·K)〕としたとき，$t_1$ を $m_A$, $m_B$, $t_A$, $c_A$, $c_B$ を用いて表せ。

(3) 実験2を実験1の直後に行ったため，実験2の直前の金属製容器と水の温度はともに $t_1$ であった。実験2の後の金属製容器，容器内の水および金属球の温度を $t_2$ 〔℃〕とするとき，金属球の金属の比熱 $c_X$ 〔J/(g·K)〕を $m_X$, $m_A$, $m_B$, $t_1$, $t_2$, $c_A$, $c_B$ を用いて表せ。

(4) 実験2において，$t_2$ は実験室の室温よりも高かった。実験1の後に，水熱量計から断熱容器を取り外して実験2と同様の実験を行った。この場合には，金属製容器，容器内の水および金属球の温度が $t_2$ とは異なった。この温度を用いて，金属球の金属の比熱を断熱容器があるものとして求めると，どのようになるか。次ページの(ア)〜(ウ)から選んで記号で答えよ。また，その理由を45字以内で説明せよ。ただし，添え字を含む記号は1字とする。

(ア) 実験 2 で得られた値に対して大きくなる。

(イ) 実験 2 で得られた値と変わらない。

(ウ) 実験 2 で得られた値に対して小さくなる。 (岩手大)

**11** ⏱️ (15)分  解答は本冊 p.26

図1のように，一辺の長さが $L$ の立方体の容器Aの中に，質量 $m$ の単原子分子 $N$ 個からなる理想気体が入っている。ただし，気体分子どうしの衝突と重力は無視できるものとする。また，気体分子は壁と弾性衝突し，壁はなめらかであるとする。なお，容器A内の気体の温度は $T$，アボガドロ定数を $N_A$，気体定数を $R$ とする。

はじめに，$x$ 軸方向の速さ $v_x$ をもったある気体分子が壁 $S_x$ に衝突することを考える。

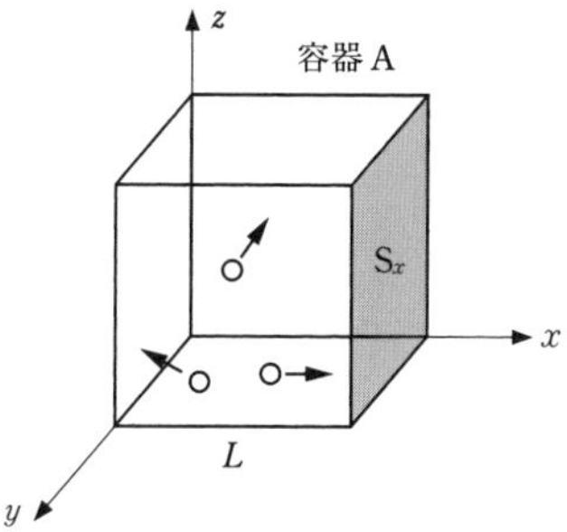

(1) この気体分子の1回の衝突によって壁 $S_x$ が受ける $x$ 軸方向の力積の大きさはいくらか。

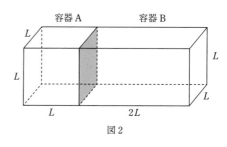

図1

(2) 単位時間あたりに，この気体分子が壁 $S_x$ に衝突する回数はいくらか。

(3) 単位時間あたりに，この気体分子が壁 $S_x$ に与える $x$ 軸方向の力積の大きさはいくらか。

次に，$N$ 個の気体分子について考える。すべての分子は特定の方向にかたよることなく不規則に運動しており，どの方向の速さの平均値も等しいものとする。

(4) $N$ 個の気体分子が壁 $S_x$ におよぼす力が $\dfrac{Nm\overline{v^2}}{3L}$ となることを示せ。ここで，$\overline{v^2}$ は気体分子全体の速さの二乗の平均値である。

(5) (4)の結果から，容器内の気体分子の圧力を求めよ。この結果を理想気体の状態方程式と比較することで，気体分子全体の運動エネルギー $\dfrac{N}{2}m\overline{v^2}$ が $\dfrac{3N}{2N_A}RT$ となることを示せ。

さらに，図2のように，断面積が容器Aと等しく長さが $2L$ の直方体の容器Bを，容器Aの隣に接続した。ただし，容器のすべての壁は熱を通さないものとする。接続前の容器Bには，容器Aに入っている気体と同種の単原子分子 $2N$ 個からなる理想気体が入っており，容器B内の気体の温度は $3T$ である。容器Aと容器Bの間の壁を取り外し，十分に時

容器A　　容器B

図2

間が経った後，気体は混ざりあって一様な状態になった。この一様な状態について，$L$，$T$，$R$，$N$，$N_A$ の中から必要なものを用いて，以下の問いに答えよ。

(6) 容器内の気体の温度を求めよ。

(7) 容器内の気体の圧力を求めよ。　　　　　　　　　　　　　　　　　　　（新潟大）

**12**  ⏱ ⑫分　解答は本冊 p.28

図のように，断面積 $S$ のシリンダーに $n$ モルの理想気体を封入した。初期状態は，温度は $T_0$ で圧力は大気圧と同じ $p_0$ であった。また，ピストンはシリンダーの端から $L$ の位置にあった。シリンダーとピストンは熱を通さず，気体定数を $R$ とする。この気体の比熱を調べるため，以下の実験を行った。

まず，ピストンを $L$ の位置に固定して，ヒーターで気体に $Q_1$ の熱を加えると温度は $T_1$ になった。

(1) 温度が $T_1$ になったときの気体の圧力 $p_1$ を $n$, $S$, $L$, $R$, $T_1$, $Q_1$ のうち必要なものを用いて表せ。

(2) この気体の定積モル比熱 $C_V$ を $n$, $p_0$, $T_0$, $T_1$, $Q_1$ のうち必要なものを用いて表せ。

次に，気体を初期状態に戻し，ピストンを自由に動けるようにして，気体に $Q_2$ の熱を加えると温度が $T_1$ になった。

(3) 温度が $T_0$ から $T_1$ に変化する間に，ピストンの位置が $\Delta x$ だけ変化した。$\Delta x$ を $n$, $S$, $L$, $T_0$, $T_1$ のうち必要なものを用いて表せ。

(4) $Q_2$ を $n$, $S$, $L$, $p_0$, $T_0$, $T_1$, $Q_1$ のうち必要なものを用いて表せ。

(5) 以上の結果を用いて，この気体の定圧モル比熱 $C_p$ と定積モル比熱 $C_V$ の間に
$C_p = C_V + R$ の関係が成り立つことを示せ。

（新潟大）

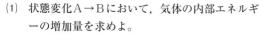

**13** ⏱17分　解答は本冊 p.30

物質量 $n$ の単原子分子理想気体の状態を，図の圧力 $p$ と体積 $V$ のグラフ（$p$-$V$ 図）に示すように，A→B→C→D→Aと変化させた。状態変化A→Bは定圧変化，状態変化B→Cは等温変化，状態変化C→Dは定積変化，状態変化D→Aは断熱変化である。状態Aの絶対温度を $T_1$，状態BとCの絶対温度を $T_2$，状態Dの絶対温度を $T_3$ とする。気体定数を $R$ として，以下の問いに答えよ。

(1) 状態変化A→Bにおいて，気体の内部エネルギーの増加量を求めよ。

(2) 状態変化A→Bにおいて，気体が外部にした仕事を求めよ。

(3) 状態変化A→Bにおいて，気体が吸収した熱量を求めよ。

(4) $T_1$，$T_2$，$T_3$ の大小関係を正しく示したものを以下の選択肢から選び，記号(a)～(f)で答えよ。

　(a) $T_1 < T_2 < T_3$ 　(b) $T_1 < T_3 < T_2$ 　(c) $T_2 < T_1 < T_3$

　(d) $T_2 < T_3 < T_1$ 　(e) $T_3 < T_1 < T_2$ 　(f) $T_3 < T_2 < T_1$

(5) 状態変化D→Aにおいて，気体が外部からされた仕事を求めよ。

(6) A→B→C→D→Aの1サイクルで，気体が吸収した正味の熱量（吸収した全熱量から放出した全熱量を差し引いたもの）は，$p$-$V$ 図のある部分の面積と等しくなる。以下の(a)～(f)では，図に示した $p$-$V$ 図の一部を灰色で塗りつぶしている。(a)～(f)の灰色で示した部分の中で，上記の熱量に相当するものを選択せよ。

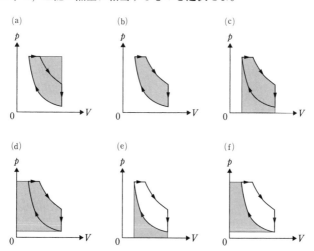

(a) (b) (c)

(d) (e) (f)

（佐賀大）

第 **3** 章 | 波動

**14** ⏱17分 解答は本冊 p.32

以下の問いに答えよ。

**問1** 水平に張ったひもの一端Aを1s間に2回の割合で振動させて写真を撮ったところ，図1のような正弦波で表される波が写っていた。ここで $x$ は位置を表し，$y$ は変位を表す。そして $z$ 軸は紙面の裏から表の向きを正とする。

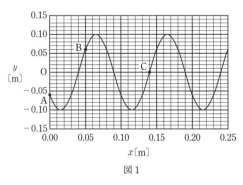

図1

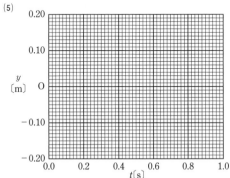

(1) 図1に示すBの位置における運動の向きとして最も適当なものを，次の①〜⑥のうちから1つ選べ。

① $x$ 軸の正の向き　② $x$ 軸の負の向き　③ $y$ 軸の正の向き

④ $y$ 軸の負の向き　⑤ $z$ 軸の正の向き　⑥ $z$ 軸の負の向き

(2) 波の波長を求めよ。

(3) 波が進む速さを求めよ。

(4) 図1の写真を撮った2.5s後のひもの変位を表す図として最も適当なものを，次の①〜⑥のうちから1つ選べ。

①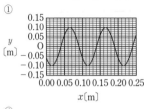

②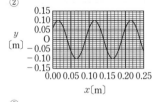

③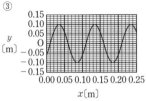

④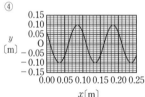

⑤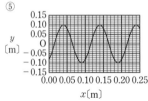

⑥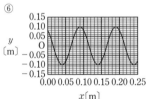

(5) 写真を撮った時刻を $t=0$ として，図1に示すCの位置における変位 $y$ が時間 $t$ とともにどのように変化するかを前ページの方眼紙に描け。

**問2** 図2のように振動数 440 Hz のおんさ に弦の一端を取りつけ，固定した滑車 を介しておもりをぶら下げた。おんさ から滑車までの距離は 0.50 m であっ た。おもりの質量を変化させるたびに

図2

同じ強さでおんさを鳴らして，弦の音の大きさを測定した。おもりの質量は 0.05 kg ごとに変化させることができるものとする。

(1) おもりの質量が 0.45 kg のときに弦の音が大きくなり，腹の数は 4 個であった。 このときの音の振動数を求めよ。

(2) (1)のような現象を表す用語として最も適当なものを，次の①〜⑧のうちから 1 つ 選べ。

① 干渉　　② 反射　　③ ドップラー効果　　④ 屈折　　⑤ 共振
⑥ 回折　　⑦ 分散　　⑧ うなり

(3) このときの波の波長を求めよ。

(4) このときの弦を伝わる波の速さを求めよ。

(5) (1)の状態からおもりの質量を増加させたところ，次に大きな音が鳴ったときのお もりの質量は 0.80 kg であった。このときの弦を伝わる波の速さを求めよ。

(6) (5)の状態からさらにおもりの質量 を増加させたところ，次に大きな 音が鳴ったときのおもりの質量は 1.80 kg であった。このときの腹 の数は何個であるか。

(7)

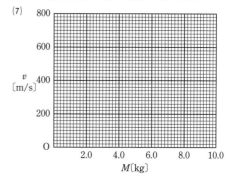

(7) (6)の状態からさらにおもりの質量 を増加させたところ，次に大きな 音が鳴ったときのおもりの質量は 7.20 kg であった。(1)，(5)，(6)お よび本設問それぞれの状態におけ るおもりの質量 $M$ に対する波の速さ $v$ の値を，上図の方眼紙に丸印で示せ。

(8) (7)のグラフから，おもりの質量 $M$ と弦を伝わる波の速さ $v$ の関係として最も適 当なものを，次の①〜⑦のうちから 1 つ選べ。

① $v$ は一定である　　② $v$ は $M$ に比例する　　③ $v$ は $M$ に反比例する
④ $v$ は $M^2$ に比例する　　⑤ $v$ は $M^2$ に反比例する
⑥ $v$ は $M^{\frac{1}{2}}$ に比例する　　⑦ $v$ は $M^{\frac{1}{2}}$ に反比例する　　　　　（防衛大）

20

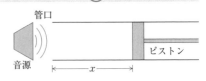

⏱ (15)分　解答は本冊 p.36

　ピストンが入ったガラス管と振動数を連続的に変えられる音源が，空気中に置かれている。音源からは単一の振動数の音が出るものとする。管口からピストンまでの距離を $x$〔m〕，音源の振動数を $f$〔Hz〕とする。図のように音源をガラス管の管口に近づけ，ピストンをガラス管の管口（$x=0$ m）から遠ざける方向にゆっくり移動させた。$x=L_1$〔m〕となったとき，はじめて共鳴した。さらに移動させると，$x=L_2$〔m〕のとき，再び共鳴した。開口端補正を $\Delta x$〔m〕で一定として，次の問いに答えよ。

(1) ガラス管内での音波の波長〔m〕を，$L_1$，$L_2$ を用いて表せ。

(2) 開口端補正 $\Delta x$〔m〕を，$L_1$，$L_2$ を用いて表せ。

(3) ガラス管内での音速〔m/s〕を，$f$，$L_1$，$L_2$ を用いて表せ。

(4) ピストンを $x=L_2$ の位置に固定し，音源の振動数を $f$ から連続的に上げていくと，さらに高次の共鳴が起きた。このときの振動数 $f'$〔Hz〕を，$f$ を用いて表せ。

(5) 管楽器のピッチ（出す音の振動数）は，気温の変化に敏感である。(4)の時点で気温が20 ℃であったとする。この後，ピストンの位置が $x=L_2$ のままで，気温が 20℃から 10 ℃に下がった。このとき，音源の振動数を $f'$ からわずかにずらすことで(4)と同じ共鳴状態が得られる。このときの音源の振動数について，以下の空欄に最も適する数値や語句を選び，記号で答えよ。ただし，音速 $V$〔m/s〕と気温 $t$〔℃〕の間には，$V=331.5+0.6t$ の関係が成り立つものとする。

「振動数を $f'$ より約 ┃ あ ┃ だけ ┃ い ┃ すればよい」

┃ あ ┃ の語群：(a) 0.1％，(b) 0.2％，(c) 1％，(d) 2％，(e) 10％，(f) 20％

┃ い ┃ の語群：(a) 大きく，(b) 小さく

（鳥取大）

⏱ (17)分　解答は本冊 p.38

　観測者，音源，音波を反射する板を一直線上に配置して次のような実験を行う。ただし，音源の振動数を $f$，音波の速さを $V$ とし，以下の空欄に最も適する値を，それぞれ次ページの選択肢から1つ記号で選べ。

実験1：最初に，図1のように，静止した観測者から音源が速さ $v$ で遠ざかっている場合を考える。このとき（音源から図の左方向に出て）直接に観測者へ届く音の振動数は ┃ (1) ┃ $\times f$ となり，（音源から図の右

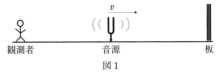

図1

方向に出て）板で反射して観測者へ届く音波の振動数は ┃ (2) ┃ $\times f$ となる。これから，観測者は周期 ┃ (3) ┃ $\times \dfrac{1}{f}$ のうなりを観測することになる。

実験2：次に，図2のように，観測者と音源が静止しており，板が音源方向に速さ $v$ で進んでいる場合を考える。このとき，音源から直接に観測者へ届く音波の振動数は $f$ であり，板で反射して観測者へ届く音波の

図2

振動数は $\boxed{(4)} \times f$ となる。これから，観測者は周期 $\boxed{(5)} \times \dfrac{1}{f}$ のうなりを観測することになる。

実験3：最後に，図3のように，静止している観測者から音源が速さ $v$ で遠ざかっており，板が音源方向に速さ $v$ で近づいている場合を考える。このとき，音源から直接に観測者へ届く音波の振動数は $\boxed{(1)} \times f$

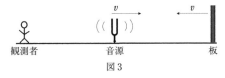

図3

となり，板で反射して観測者へ届く音波の振動数は $\boxed{(6)} \times f$ となる。これから，観測者は周期 $\boxed{(7)} \times \dfrac{1}{f}$ のうなりを観測することになる。

$\boxed{(1)}$，$\boxed{(2)}$，$\boxed{(4)}$，$\boxed{(6)}$ の選択肢：

(a) $\dfrac{V}{V-v}$   (b) $\dfrac{V}{V+v}$   (c) $\dfrac{V-v}{V}$   (d) $\dfrac{V+v}{V}$   (e) $\dfrac{V}{V-2v}$

(f) $\dfrac{V}{V+2v}$   (g) $\dfrac{V-2v}{V}$   (h) $\dfrac{V+2v}{V}$   (i) $\dfrac{V+v}{V-v}$   (j) $\dfrac{V-v}{V+v}$

(k) $\dfrac{V^2}{(V-v)^2}$   (l) $\dfrac{V^2}{(V+v)^2}$   (m) $\dfrac{(V-v)^2}{V^2}$   (n) $\dfrac{(V+v)^2}{V^2}$   (o) $\dfrac{V(V+v)}{(V-v)^2}$

(p) $\dfrac{V(V-v)}{(V+v)^2}$   (q) $\dfrac{(V-v)^2}{V(V+v)}$   (r) $\dfrac{(V+v)^2}{V(V-v)}$   (s) $\dfrac{(V+v)^2}{(V-v)^2}$

(t) $\dfrac{(V-v)^2}{(V+v)^2}$

$\boxed{(3)}$，$\boxed{(5)}$，$\boxed{(7)}$ の選択肢：

(a) $\dfrac{V}{2v}$   (b) $\dfrac{V-v}{2v}$   (c) $\dfrac{V+v}{2v}$   (d) $\dfrac{V^2-v^2}{2Vv}$   (e) $\dfrac{(V-v)^2}{2Vv}$

(f) $\dfrac{(V+v)^2}{2Vv}$   (g) $\dfrac{(V-v)^2(V+v)}{4V^2v}$   (h) $\dfrac{(V-v)(V+v)^2}{4V^2v}$   (i) $\dfrac{(V-v)^3}{4V^2v}$

(j) $\dfrac{(V+v)^3}{4V^2v}$

（上智大）

**17** ⏱ ⑰分　解答は本冊 p.41

　光ファイバーは細いガラスの繊維で，内側に光を通して遠くまで伝えることができる。この原理を見るため，図のような，細長い円柱状のガラスの周囲を屈折率の異なるガラスで覆った光ファイバーを考えよう。内側の円柱部分をコア，外側をクラッドとよぶ。光ファイバーの長さ（コアの円柱の「高さ」）を $L$ とする。コアの屈折率を $n_f$，クラッドの屈折率を $n_c$ とし，これらは $n_f > n_c$ を満たすとする。

　コアの直径は光の波長よりも十分に大きく，コア内部で光は直線的に進むと考えてよい。空気の屈折率は1とし，真空中の光の速さを $c$ とする。

　光ファイバー左端のコアの中心に向かって，空気側から入射角 $\theta_{in}$ で光を入射した。入射角とは，コアの円柱の中心軸に対して光線のなす角度であり，$0 \leqq \theta_{in} < \dfrac{\pi}{2}$ を満たす。図には，コアの中心軸と入射光を含む平面内での光線を描いた。

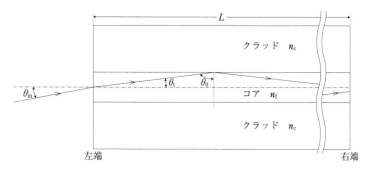

(1)　光がコアに入射しコア内を直進しているとき，光線とコアの中心軸がなす角度を $\theta_t$ とする $\left(\text{ただし } 0 \leqq \theta_t < \dfrac{\pi}{2}\right)$。$\sin\theta_t$ を $n_f$，$\theta_{in}$ で表せ。

(2)　コア内を進んだ光が，コアとクラッドの境界に達したときの（クラッドへの）入射角を $\theta_0$ とする。$\theta_0$ は，境界の法線と光線のなす角度であり，$0 \leqq \theta_0 < \dfrac{\pi}{2}$ を満たす。コアとクラッドの境界で全反射が起こる条件を $\theta_0$，$n_f$，$n_c$ を用いて表せ。

(3)　コアとクラッドの境界で全反射が起こるには，光ファイバーへの入射角 $\theta_{in}$ がある値 $\theta_{max}$ 以下でなければならない。$\sin\theta_{max}$ を $n_f$，$n_c$ で表せ。

(4)　光ファイバーへの入射角 $\theta_{in}$ が 0 のとき，光はコアの中心軸に沿ってまっすぐ進む。光が光ファイバーの左端に入射してから右端に達するまでの時間 $t_{min}$ を $n_f$，$c$，$L$ で表せ。

(5)　光ファイバーへの入射角 $\theta_{in}$ が $\theta_{max}$（問(3)を参照）のとき，光は光ファイバー中を全反射を繰り返しながら進む。光が光ファイバーの左端に入射してから右端に達するまでの時間 $t_{max}$ を $n_f$，$n_c$，$c$，$L$ で表せ。

(6)　問(4)，(5)でそれぞれ求めた通過時間の差 $\Delta t = t_{max} - t_{min}$ を $n_f$，$n_c$，$c$，$L$ で表せ。

（学習院大）

**18**  解答は本冊 p.43

レンズに関する以下の各問いに答えよ。

**問 1** (1) 図 1 のように焦点距離が 50 mm の凸レンズを物体の位置 O から 60 mm 離れた位置 A に置く。このとき, 位置 O から像を結ぶ位置までの距離と像の倍率を求めよ。

(2) 図 2 のように焦点距離が 50 mm の凸レンズを物体の位置 O から 50 mm の位置 B に置き, 焦点距離 40 mm の凸レンズを位置 B から 20 mm 離れた位置 C に置く。これらの光軸は一致させてある。このとき, 位置 O から像を結ぶ位置までの距離を求めよ。

**問 2** 図 3 のような広がり角が 25° の点光源と, 直径 12 mm の凸レンズが 3 枚ある。レンズの焦点距離はそれぞれ 15, 20, 30 mm である。図 4 のようにレンズを 1 枚だけ用い, 光軸上に置いた光源からの光を点 P に集めたい。レンズを P から 35 mm 離れた位置 Q に置いたとき, 点 P に最も多くの光を集められるレンズはどの焦点距離のレンズか, 理由とともに答えよ。ただし, 広がり角の外側には光源から光はないものとし, $\tan 12.5° = 0.22$ とする。

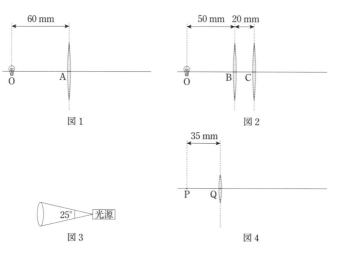

図 1　図 2　図 3　図 4

(弘前大)

空気中における光の干渉と回折について考える。以下の問いに答えよ。ただし，空気の屈折率を1とし，円周率を$\pi$とする。また，十分に小さな $t(|t| \ll 1)$ に対して $(1+t)^{\alpha} \fallingdotseq 1+\alpha t$ ($\alpha$ は実数) の近似式を用いよ。数値で答える問いは有効数字2桁で表せ。

図1に示すように，複数のスリットで回折した光の干渉について考える。スリット $S_0$ の設置面と複スリット $S_1$，$S_2$ の設置面との距離は $L_1$，複スリット $S_1$，$S_2$ の設置面とスクリーンとの距離は $L_2$，$S_1$ と $S_2$ との間隔は $d$ であり，その中点を点 M とする。$S_1$ と $S_2$ は $S_0$ から等しい距離にあるものとし，点 O は $S_0$ からスクリーンに下した垂線とスクリーンが交わる点とする。ここで，点 O を原点とし，上向きを正として $z$ 軸をとり，スクリーン上の点 $P_1$ の座標を $z_1(>0)$ とする。また，$S_1$ から $P_1$ までの距離を $S_1P_1$，$S_2$ から $P_1$ までの距離を $S_2P_1$ とし，$d$ および $z_1$ は $L_1$，$L_2$ に比べて十分に小さいものとする。

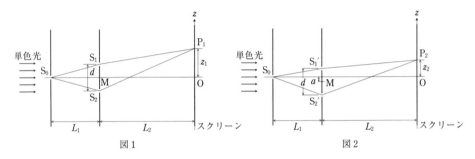

図1　　　　　　　　　　　　図2

(1) スリット $S_0$ を通り回折した波長 $\lambda$ の単色光はスリット $S_1$ とスリット $S_2$ に同位相で到達する。$S_1$ と $S_2$ を通って回折した光が干渉することでスクリーン上に明暗の縞模様が生じる。いま，$S_1$ および $S_2$ から点 $P_1$ に到達する光について考えると，距離 $S_1P_1$ と距離 $S_2P_1$ の差が波長 $\lambda$ の整数倍のときに強めあい，その条件式は $|S_2P_1-S_1P_1|=m\lambda$ ($m=0, 1, 2, \cdots\cdots$) で表される。ここで，$d$ および $z_1$ が $L_2$ に比べて十分に小さいことから，$S_2P_1$ は $\boxed{\text{(a)}}$，$S_1P_1$ は $\boxed{\text{(b)}}$ と表され，$|S_2P_1-S_1P_1|$ は $\boxed{\text{(c)}}$ と表すことができる。(a)～(c)に入る文字式を求めよ。解答は，$d$，$L_2$，$z_1$ の中から必要なものを用いて表せ。

(2) 2つのスリット $S_1$ と $S_2$ の距離 $d$ が $2.00\times10^{-4}$ m，複スリットからスクリーンまでの距離 $L_2$ が $1.20$ m のとき，波長 $\lambda$ の単色光を用いてスクリーン上の明暗の縞を観察したところ，隣りあう明線の間隔 $\Delta z$ は $3.30\times10^{-3}$ m であった。波長 $\lambda$ の数値を単位 m で求めよ。

(3) 図1の条件では点 $P_1$ で明線が観察された。次に，図2に示すように，複スリットを $z$ 軸の負の方向に距離 $a$ だけ移動させたところ，点 $P_1$ にあった明線が点 O から $z_2(>0)$ の位置にある点 $P_2$ に移動した。移動後の $S_1$，$S_2$ をそれぞれ $S_1'$，$S_2'$ とする。また，$a$ および $z_2$ は $L_1$，$L_2$ に比べて十分に小さいものとする。点 $P_2$ と点 $P_1$ との距離 $|z_2-z_1|$ を，$L_1$，$L_2$，$a$ の中から必要なものを用いて表せ。

(東京農工大)

**20**  ⏱️**13**分　解答は本冊 p.47

図に示すように，屈折率 $n_1$ のガラス板の表面に，屈折率 $n_2$，厚さ $d$ の均一な薄膜が形成されている。上方から平行光線が入射角 $i$ $(0° \leqq i \leqq 90°)$ で入射する場合を考える。光 $\alpha$ は空気と薄膜の境界面の点 $A_2$ で反射して点 D に到達する。一方，光 $\beta$ は点 $B_1$ において屈折角 $r$ で屈折して薄膜中を進み，薄膜とガラス板の境界面上の点 C で反射し，さらに点 $A_2$ で屈折して空気中の点 D に到達する。空気の屈折率を 1 とし，$1 < n_2 < n_1$ の関係があるものとして以下の問いに答えよ。

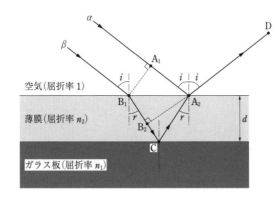

(1) 波長 $\lambda$ の光が入射する場合，薄膜中を進む光の波長を求めよ。

(2) 図に示す破線 $A_1B_1$，$A_2B_2$ は平行光線の波面を示しており，$A_1$ と $B_1$ および $A_2$ と $B_2$ はそれぞれ同位相の点である。距離 $A_1A_2$ と $B_1B_2$ の比はいくらか。

(3) 波長 $\lambda$ の光が入射する場合，点 D に到達した光 $\alpha$ と光 $\beta$ が強めあう条件を，$\lambda$，$n_2$，$d$，$i$，および正の整数 $m$ を用いて式で示せ。

次に，薄膜に垂直 $(i=0°)$ に波長 $\lambda_0$ の単色光が入射する場合を考える。

$n_2 = 1.4$，$\lambda_0 = 560$ nm のとき，以下の問いに対する答を有効数字 2 桁で示せ。

(4) 膜の表面で反射した光（光 $\alpha$）と膜の裏面で反射した光（光 $\beta$）が強めあう最も薄い膜の厚さ $d_1$〔nm〕の値を求めよ。

(5) 膜の厚さを $d_1$ から徐々に厚くしていくと，波長 $\lambda_0$ の反射光はいったん弱めあうが再び強めあい，これが繰り返される。ここで，膜を徐々に厚くして，膜の厚さ $d_1$ の場合も含めて 9 回目に強めあう厚さを $d_9$ とする。この間の厚さの変化 $d_9 - d_1$〔nm〕の値を求めよ。

（浜松医大）

**21** 　　　　　　　　　　　　　　　 ⏱ **20** 分　解答は本冊 p.49

2枚の長方形平板ガラスA，Bを用意する。平板ガラスA
には，図1のように表面に深さ$d$の溝が彫られており，溝の
方向は平板ガラスAの1つの辺と平行である。溝の深さを測
るため，平板ガラスBを，図2のように厚さ$b$の薄いフィル
ムを間に挟んで重ね，平板ガラスAに対して真上から波長$\lambda$

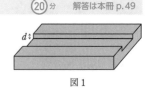

図1

の光をあてた。平板ガラスAの端からフィルムの先端までの長さを$L$とする。平板ガラスA
に対して真上から見たところ，図3のように間隔$a$の干渉縞の暗線が現れた。干渉縞は，溝
の部分では溝のない部分に対して斜面下方向に$\frac{3}{4}a$ずれて現れた。真空中での光の速さを$c$，
空気の屈折率を1.0，ガラスの屈折率を$n$とする。以下の問いに答えよ。

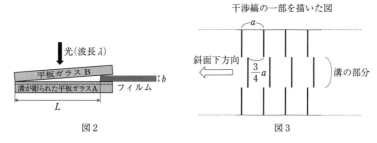

図2　　　　　　　　　　　　図3

(1)　ガラス中での光の速さと波長を求めよ。

(2)　干渉縞の間隔$a$を，$b$，$L$，$\lambda$の中から必要なものを用いて表せ。

(3)　溝の深さ$d$を，$b$，$L$，$\lambda$，整数$M$（$M=0$，1，2，……）の中から必要なものを用いて表
せ。

(4)　2枚の平板ガラスの間を媒質で満たしたとき，干渉縞の間隔が$\frac{3}{4}a$になり，干渉縞のず
れがなくなった。考え得る溝の深さ$d$を，$b$，$L$，$\lambda$，整数$N$（$N=0$，1，2，……）の中か
ら必要なものを用いて表せ。

(5)　問(4)で得られた結果から，$L=3.0\times10^{-1}$ m，$b=6.0\times10^{-5}$ m，$a=1.5\times10^{-3}$ m とした
場合の考え得る溝の深さ$d$のうち，2番目に浅い値を有効数字2桁で求めよ。　　（神戸大）

# 第 4 章 | 電磁気

**22** ⏱17分　解答は本冊 p.51

以下の文中の [(1)] ～ [(6)] に適切な数式を入れよ。また，[あ] には選択肢から適切なものを選び記号で答えよ。クーロンの法則の比例定数を $k$ [N・m²/C²] とする。

図1のように，$xy$ 平面上の点 A(0, $a$ [m]) に $+Q$ [C] の正電荷を置く。このとき点Aの正電荷が点 B(0, $-a$ [m]) の位置につくる電場の強さは [(1)] [N/C] であり，向きは [あ] である。また，無限遠を基準にとると点Bにおける電位は [(2)] [V] である。さらに，点Bに $+Q$ [C] の正電荷を置いたとき，これら2つの電荷が $x$ 軸上の点 P($p$ [m], 0) の位置につくる電場の強さは $p$ を用いて [(3)] [N/C] と表すことができる。また，無限遠を基準にとると点Pにおける電位は [(4)] [V] である。

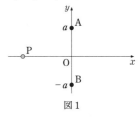

図1

次に，$p = -\sqrt{3}\,a$ の位置に質量 $m$ [kg]，電気量 $-Q$ [C] の負の点電荷を固定した。このときこの点電荷にはたらく静電気力の大きさは [(5)] [N] である。この点電荷を静かにはなすと $x$ 軸上をなめらかに運動し始めた。点電荷が原点Oに達したときの速さは [(6)] [m/s] である。

[あ] の選択肢：(ア) $x$ 軸正方向，　(イ) $x$ 軸負方向，　(ウ) $y$ 軸正方向，
　　　　　　　(エ) $y$ 軸負方向

（北海道大）

(12)分　解答は本冊 p.53

　コンデンサー，スイッチ，起電力 $E$ の直流電源からなる電気回路を考える。回路中の導線やスイッチの電気抵抗は十分に小さいとする。コンデンサーは平行平板コンデンサーであり，極板間は，最初，真空とする。

　図のような電気回路がある。コンデンサー1，2，3の静電容量を，それぞれ $C_1$，$C_2$，$C_3$ とする。最初，コンデンサーの電荷はすべて 0 で，スイッチはすべて開いていた。

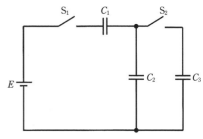

(1) まず，スイッチ $S_1$ を閉じた。十分に時間が経った後，コンデンサー 2 の極板間の電位差が $V_1$ になった。$V_1$ を，$E$，$C_1$，$C_2$ を用いて表せ。

(2) 次に，スイッチ $S_1$ を開いて，スイッチ $S_2$ を閉じた。十分に時間が経った後，コンデンサー 2 の極板間の電位差が $V_2$ になった。$V_2$ を，$E$，$C_1$，$C_2$，$C_3$ を用いて表せ。

(3) その後，スイッチ $S_2$ を閉じたまま $S_1$ を閉じた。十分に時間が経った後，コンデンサー 2 の極板間の電位差が $V_3$ になった。$V_3$ を，$E$，$C_1$，$C_2$，$C_3$ を用いて表せ。

(4) この状態で，コンデンサー 3 の極板間を，比誘電率 $\varepsilon_r$ の誘電体で満たした。十分に時間が経った後，コンデンサー 2 の極板間の電位差が，コンデンサー 1 の極板間の電位差の 2 倍になった。このときの比誘電率 $\varepsilon_r$ を，$C_1$，$C_2$，$C_3$ を用いて表せ。　　　　　　(大阪大)

**24** (7)分 解答は本冊 p.55

以下の文中の $\boxed{(1)}$ ～ $\boxed{(7)}$ に適切な数式を入れよ。ただし，コンデンサーは真空中に置かれており，真空の誘電率は $\varepsilon_0$ [F/m] とする。

図のように，極板面積が $S$ [m²] で極板間の距離が $d$ [m] である 2 つの平行板コンデンサー $C_1$，$C_2$ と，抵抗 $R_1$ とスイッチ $S_1$ が起電力 $E$ [V] の電池につながれている。はじめ $S_1$ は開かれており，このとき $C_1$ と $C_2$ には電荷はないものとする。

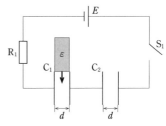

$C_1$ の電気容量を $C$ とすると，$C = \boxed{(1)}$ [F] である。以下の解答では $C$ を用いてよい。$S_1$ を閉じ十分に時間が経過したときの $C_1$ の電気量は $\boxed{(2)}$ [C] であり，$C_1$ と $C_2$ の静電エネルギーの和は $\boxed{(3)}$ [J] である。このとき電池のした仕事は $\boxed{(4)}$ [J] である。したがって，$R_1$ で発生したジュール熱は $\boxed{(5)}$ [J] である。

次に，$S_1$ を閉じたまま，誘電率 $\varepsilon$ [F/m] の誘電体を $C_1$ の極板間をすべて満たすように挿入した。このときの $C_1$ の電気量は $\boxed{(6)}$ [C] となる。$C_1$ と $C_2$ の静電エネルギーの和は誘電体を挿入する前と比べ $\boxed{(7)}$ [J] 増加している。

(北海道大)

第4章

電磁気

**25**

⏱️17分　解答は本冊 p.57

図のように，抵抗値 $R_1$, $R_2$, $R_3$ の抵抗器，抵抗値が長さに比例する全長 $l$ の抵抗線，検流計 G，起電力 $E$ の電池が接続された電気回路がある。検流計Gは接点Aで抵抗線に接しており，抵抗線の端点Oからもう一方の端点Pまでスライドできるものとする。また，検流計Gを流れる電流の大きさを $I_g$ とする。$R_1$, $R_2$, $R_3$ はいずれも 0 でないとし，電池および検流計の内部抵抗は無視できるものとし，以下の問いに答えよ。

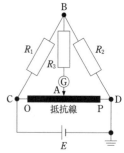

(1) 接点Aが端点O上にあるとき，点Bの電位を求めよ。

(2) 接点Aが端点O上および端点P上にあるとき，$I_g$ と電流の向きを求めよ。なお，電流の向きはA→BまたはB→Aで表せ。

(3) 接点Aを，端点O上から端点Pの方向にわずかにスライドしたとき，$I_g$ は増加するか減少するかを答え，その理由を説明せよ。

(4) $I_g=0$ となるときの点Bの電位を求めよ。

(5) $I_g=0$ となるときの端点Oから接点Aまでの距離を求めよ。　　　　　(香川大)

**26** ⏱️15分　解答は本冊 p.59

図1のグラフは，ある白熱電球の特性曲線であり，電球にかかる電圧を $V$〔V〕，電球を流れる電流を $I$〔A〕とすると，$V=5I^2$ の関係式で表される。この電球と，抵抗値 $2.5\,\Omega$ の抵抗，起電力 $5.0\,\mathrm{V}$ で内部抵抗の無視できる電源を用いて，図2, 3に示す回路をつくった。以下の問いに答えよ。

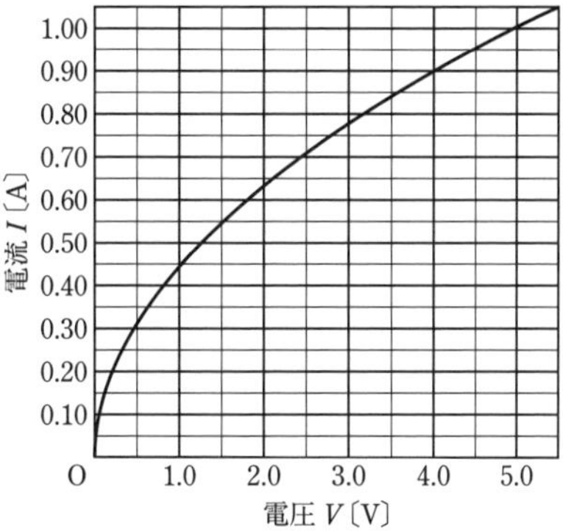

図1

問1　次の文章は，図1で示されるような特性をもつ電球について説明したものである。文中の空欄　(1)　〜　(5)　にあてはまる単語としてそれぞれ最も適切なものを次の①〜⑩のうちから1つずつ選べ。なお，同じ単語を複数回使用してもよい。

　　導体の両端に電圧を加えると，導体内部に　(1)　が生じる。導体中の　(2)　は，この　(1)　から受ける力による加速と，熱運動している　(3)　との衝突による減速を繰り返しながら移動する。一方で，導体に電流が流れると　(4)　が発生するため，フィラメントの温度が上昇する。その結果，　(3)　の熱運動が激しくなり，　(5)　の動きを妨げるようになるので，電気抵抗は大きくなる。

① 陰イオン　　② 渦電流　　③ 磁場　　④ 自由電子
⑤ ジュール熱　⑥ 正孔　　⑦ 静電エネルギー　⑧ 電場
⑨ 光　　⑩ 陽イオン

問2　図2の回路について以下の問いに答えよ。
　(1)　抵抗を流れる電流 $I_1$〔A〕の大きさとして最も近い数値を次の①〜⑩のうちから1つ選べ。
　　① 0　　② 0.25　　③ 0.50　　④ 0.75
　　⑤ 1.0　　⑥ 1.5　　⑦ 2.0　　⑧ 2.5
　　⑨ 5.0　　⑩ 7.5
　(2)　電球を流れる電流 $I_2$〔A〕の大きさとして最も近い数値を次の①〜⑩のうちから1つ選べ。
　　① 0.1　　② 0.2　　③ 0.3　　④ 0.4
　　⑤ 0.5　　⑥ 0.6　　⑦ 0.7　　⑧ 0.8
　　⑨ 0.9　　⑩ 1.0

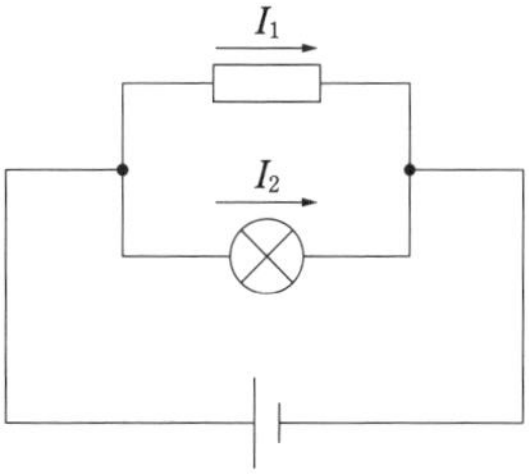

図2

問3　図3の回路において，電球を流れる電流 $I_3$〔A〕の大きさとして最も近い数値を次の①〜⑩のうちから1つ選べ。
　① 0.1　　② 0.2　　③ 0.3　　④ 0.4
　⑤ 0.5　　⑥ 0.6　　⑦ 0.7　　⑧ 0.8
　⑨ 0.9　　⑩ 1.0

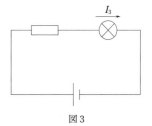

図3

（防衛大）

　図のように，紙面を $xy$ 平面とし，紙面の裏から表の向きを $z$ 軸とする。磁場を $0<x<2a$ の領域にのみ，磁束密度の大きさ $B_0$〔T〕で $z$ 軸の正方向に加えた。このとき，辺の長さが $a$〔m〕と $b$〔m〕である長方形のコイルを，$x<0$ の領域に配置する。ただし，辺 BC と $y$ 軸は平行であるとする。そして，コイルを $x$ 軸の正方向に，一定の速さ $v$〔m/s〕で動かすことを考

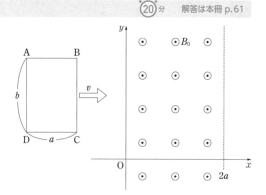

える。時刻を $t$〔s〕と表し，コイルの一辺 BC が $x=0$ に達したときを $t=0$ とする。コイルの抵抗を $R$〔Ω〕とし，自己インダクタンスを無視する。次の問いに答えよ。

**問1** コイルを貫く磁束は，時間 $0 \leqq t \leqq \dfrac{a}{v}$ では □(1)□ 〔Wb〕，$\dfrac{a}{v} \leqq t \leqq \dfrac{2a}{v}$ では □(2)□

〔Wb〕，$\dfrac{2a}{v} \leqq t \leqq \dfrac{3a}{v}$ では □(3)□ 〔Wb〕である。時間 $0 \leqq t \leqq \dfrac{3a}{v}$ において，コイルに生じる誘導電流の最大値は □(4)□ 〔A〕である。空欄にあてはまる適切な式を求めよ。

**問2** 時間 $0 \leqq t \leqq \dfrac{4a}{v}$ において，B→A を電流の正の向きとして，コイルに生じる誘導電流と時刻 $t$ の関係をグラフにせよ。グラフには，誘導電流の最大値と最小値を記すこと。

**問3** 時間 $0 \leqq t \leqq \dfrac{4a}{v}$ において，コイルを一定の速さで動かすために，辺 BC に加えている外力と時刻 $t$ の関係をグラフにせよ。ただし，$x$ 軸の正方向を力の正の向きとする。グラフには，外力の最大値と最小値を記すこと。

**問4** 時間 $0 \leqq t \leqq \dfrac{3a}{v}$ において，コイルに発生した熱エネルギーを求めよ。

**問5** 時間 $0 \leqq t \leqq \dfrac{3a}{v}$ において，外力のした仕事量を求めよ。　　　　　　　(関西学院大)

28 ⏱21分　解答は本冊 p.64

図1のように，鉛直上向きの一様な磁束密度 $B$〔T〕の磁場内に，十分に長い導体レール ab と cd を距離 $l$〔m〕を隔てて水平面（紙面）に置き，導体レールの a 点と c 点の間に，起電力 $E$〔V〕の電池，スイッチ S，抵抗値 $R$〔Ω〕の抵抗を接続する。スイッチ S を開いた状態で，質

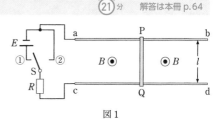

図1

量 $m$〔kg〕の導体棒 PQ を導体レールの中央に導体棒と導体レールが垂直になるように置く。スイッチ S を①側に入れたところ，導体棒 PQ が動き出した。導体棒は導体レールと垂直を保ちながら，なめらかに動くものとする。このとき以下の問いに答えよ。

問1　次の文章の空欄 (1) ～ (5) に入る最もふさわしいものを下の選択肢ⓐ～ⓚの中から選べ。

　　スイッチ S を①側に入れると導体棒 PQ 上を (1) の向きに電流が流れる。この電流は磁場から力を受け，導体棒は (2) の向きに動く。導体棒 PQ を流れる電流の大きさ $I$〔A〕は，スイッチ S を①側に入れた直後は $I=$ (3) である。十分に時間が経過すると $I=$ (4) となり，導体棒 PQ の (5) となる。

ⓐ　P から Q　　ⓑ　Q から P　　ⓒ　a から b　　ⓓ　b から a　　ⓔ　0

ⓕ　$E$　　ⓖ　$R$　　ⓗ　$\dfrac{E}{R}$　　ⓘ　$\dfrac{R}{E}$　　ⓙ　速さは0　　ⓚ　速さは一定

次に，導体棒 PQ を導体レールから取り外し，図2に示すように，導体レール ab と cd を平行に保ちながら水平面から $\theta$ の角をなすように設置した。スイッチ S を②側に入れた状態で，導体棒 PQ を導体レールの中央に導体棒と導体レールが垂直になるように再び置き，動かないように固定した。十分に時間が経った後，導体棒の固定を

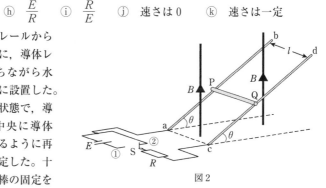

図2

静かに外したところ，導体棒 PQ は下方にすべり始めた。しばらくして，導体棒の速さは一定となった。ここでも，導体棒は導体レールと垂直を保ちながら，なめらかに動くものとする。このとき以下の各問いに答えよ。

問2　導体棒 PQ が受ける重力の，導体レールに平行な成分の大きさ $F$〔N〕を答えよ。ただし，重力加速度の大きさを $g$〔m/s²〕とする。

問3　すべり始めた後，導体棒 PQ が一定の速さ $v$〔m/s〕で動いているとする。このときの導体棒 PQ に流れる電流の大きさ $I$〔A〕を答えよ。

問4　磁束密度を $B=\sqrt{2}$ T，導体レールの間隔を $l=0.20$ m，導体レールの傾きを $\theta=45°$，抵抗の抵抗値を $R=0.30$ Ω，導体棒 PQ が受ける重力の導体レールに平行な成分の大きさを $F=0.98$ N とする。導体棒 PQ の速さが一定となったときに流れる電流の大きさ $I$〔A〕および回路全体で消費される電力 $P$〔W〕はいくらになるか有効数字2桁で答えよ。

（鹿児島大）

**29** 〈13〉分　解答は本冊 p.66

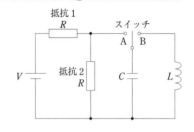

　図のような，起電力 $V$ の直流電源，抵抗値がいずれも $R$ の抵抗1と抵抗2，電気容量 $C$ のコンデンサー，自己インダクタンス $L$ のコイル，およびスイッチからなる電気回路がある。コイルの抵抗，導線の抵抗，および電源の内部抵抗は無視できるとする。はじめ，スイッチは開いており，コンデンサーに電荷は蓄えられていなかった。円周率を $\pi$ とし，以下の問いに答えよ。

(1) スイッチを図中のA側へ閉じた。その直後に抵抗1を流れる電流の大きさを求めよ。

(2) スイッチをA側へ閉じた状態でしばらく時間が経つと，抵抗1を流れる電流が一定になった。このとき，抵抗1を流れる電流の大きさを求めよ。

(3) このとき，コンデンサーに蓄えられた電気量および静電エネルギーを求めよ。

(4) 次に，スイッチを図中のB側へ閉じた。すると，コイルに振動電流が流れ始めた。この振動電流の最大値および周期を求めよ。ただし周期は，計算の過程を書かなくてもよい。

(5) 振動電流が流れ始めて周期の2分の1の時間が経過し，コイルに流れる電流が0になった瞬間にスイッチをA側へ閉じた。その直後に抵抗1を流れる電流の大きさを求めよ。

(新潟大)

**30** 〈23〉分　解答は本冊 p.68

　以下の文中の ⎡(1)⎤ ～ ⎡(10)⎤ に適切な数式または数値を入れよ。

　電場または磁場がかけられた真空中における質量 $m$ 〔kg〕，電気量 $q$ 〔C〕$(q>0)$ の荷電粒子の運動を考える。ただし，荷電粒子の速さはつねに光の速さに比べて十分に小さいとし，重力の影響は無視できるものとする。

問1　図1のように，紙面に平
　　　行な面内に互いに直交す
　　　る $x$ 軸と $y$ 軸をとる。
　　　$xy$ 面に対して垂直に広
　　　がる，幅 $R$〔m〕$(R>0)$
　　　で $x$ 軸に平行な空間 I
　　　$\left(x>0,\ -\dfrac{R}{2}\leqq y\leqq\dfrac{R}{2}\right)$ と
　　　III $\left(x<0,\ -\dfrac{R}{2}\leqq y\leqq\dfrac{R}{2}\right)$
　　　には，同じ大きさ
　　　$E$〔V/m〕で互いに逆向

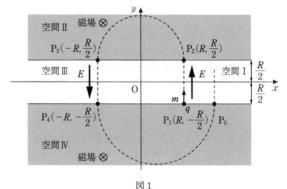

図1

　　　きの電場が，$y$ 軸と平行な矢印の向きにかけられている。また，空間 I と III の外側の空間 II $\left(y>\dfrac{R}{2}\right)$ と IV $\left(y<-\dfrac{R}{2}\right)$ には，同じ強さの磁場が紙面（$xy$ 面）に対して垂直に表

から裏に向かってかけられている。

荷電粒子を $xy$ 面内の点 $P_1\left(R, -\dfrac{R}{2}\right)$ から静かに放つと，この粒子は電場による力を受けて $y$ 軸の正の向きに動き始め，点 $P_2\left(R, \dfrac{R}{2}\right)$，点 $P_3\left(-R, \dfrac{R}{2}\right)$，点 $P_4\left(-R, -\dfrac{R}{2}\right)$ を順につなぐ軌道（点線）に沿って運動した。粒子が点 $P_1$ から点 $P_2$ に到達するまでに電場から受ける仕事は ☐(1) 〔N・m〕であり，点 $P_2$ を通過するときの粒子の速さは ☐(2) 〔m/s〕となる。その後，粒子が点 $P_3$ を通過することから，磁束密度の大きさは ☐(3) 〔T〕であることがわかる。粒子は点 $P_4$ を通過した後，半径 ☐(4) 〔m〕の円弧を描いて運動し点 $P_5$ を通過する。

**問2** 図2のように，原点Oを通り互いに直交する3つの軸（$x$ 軸，$y$ 軸，$z$ 軸）をとる。磁束密度の大きさが $z$ 軸からの距離だけに依存する磁場が $z$ 軸の負の向きにかけられている。

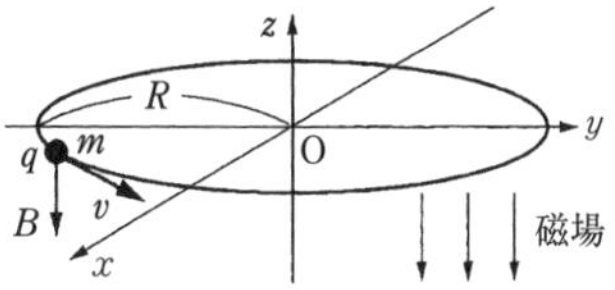

　はじめ，荷電粒子は $xy$ 平面内で原点Oを中心とする半径 $R$〔m〕の等速円運動をしている。こ

図2

の円軌道上での磁束密度の大きさを $B$〔T〕とすると，荷電粒子の速さ $v$〔m/s〕は，$q$，$m$，$R$，$B$ を用いて $v=$ ☐(5) $\times B$ と表せ，円運動の周期は $q$，$m$，$B$ を用いて ☐(6) 〔s〕と表される。

　次に，磁場の強さを時間と共に変化させ，同一の円軌道上で荷電粒子を加速することを考える。この荷電粒子の運動は軌道に沿った円環コイルに流れる電流とみなせる。このコイル内を貫く全磁束の大きさ $\Phi$〔Wb〕は，$a$ を定数として $\Phi=\pi aR^2 B$〔Wb〕となるものとする。ここで，微小時間 $\Delta t$〔s〕で円環コイル上の磁束密度の大きさが $\Delta B$〔T〕だけ大きくなり，コイル内を貫く全磁束の大きさが $\Delta\Phi=\pi aR^2\Delta B$ だけ増加するように磁場の強さを変化させた。このとき，荷電粒子の軌道に沿った円環コイルには誘導起電力が発生した。その起電力の大きさは，$a$，$R$，$\dfrac{\Delta B}{\Delta t}$ を用いて ☐(7) 〔V〕と表せる。このような起電力が発生するのは円環コイルに沿って一様な電場が誘導されるためであり，それにより荷電粒子は加速される。この電場の大きさは ☐(8) 〔V/m〕となる。荷電粒子の円運動における加速度の接線方向の成分は，その速さの変化 $\Delta v$〔m/s〕と $\Delta t$〔s〕を用いて $\dfrac{\Delta v}{\Delta t}$〔m/s²〕と与えられる。荷電粒子の運動方程式より，$\dfrac{\Delta v}{\Delta t}$ は $a$，$m$，$q$，$R$，$\dfrac{\Delta B}{\Delta t}$ を用いて $\dfrac{\Delta v}{\Delta t}=$ ☐(9) $\times\dfrac{\Delta B}{\Delta t}$ と書け，$\Delta v$ と $\Delta B$ との間には $\Delta v=$ ☐(9) $\times\Delta B$ の関係があることがわかる。

　一方，荷電粒子が加速されても半径 $R$ の円運動を保つためには，$\Delta v=$ ☐(5) $\times\Delta B$ が成り立つ必要がある。したがって，同じ円軌道上で荷電粒子を加速するためには，$a$ の値は ☐(10) でなければならない。

（北海道大）

# 第 5 章 | 原子

31 ⏱(21)分　解答は本冊 p.70

　ある波長の光を金属に照射すると，その表面から電子が放出される。この現象は光電効果とよばれ，プランク定数 $h$〔J・s〕や金属の仕事関数 $W$〔J〕と関係がある。図1は光電管を含む回路であり，ある波長の光を金属製の陰極Kにあてるとそこから光電子が飛び出し，陽極Pに達することで回路に電流が流れる。Ⓥは電圧計，Ⓐは電流計である。図2は，図1の回路を用いて実験を行った際の電流計に流れる電流 $I$〔A〕と陽極Pの電位 $V$〔V〕との関係を示したものである。陰極Kと陽極Pは同じ金属であるとして，以下の問いに答えよ。なお，解答に数値を用いる場合は有効数字2桁で求めよ。

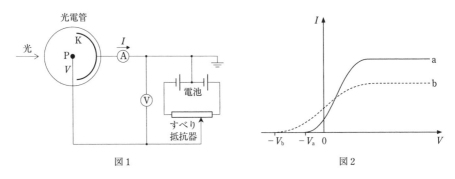

図1　　　　　　　　　　　図2

**問 1**　波長 $\lambda_1$〔m〕，$\lambda_2$〔m〕（ただし，$\lambda_1 < \lambda_2$）の2種類の波長の光を考える。図2の曲線a，bは，$\lambda_1$，$\lambda_2$ のどちらかの光を照射したときの $I$ と $V$ の関係を示している。ここで，$V_a$〔V〕，$V_b$〔V〕はそれぞれ曲線a，bにおいて光電子が陽極に到達できなくなる阻止電圧である。また，光の速さを $c$〔m/s〕，電気素量を $e$〔C〕とする。

(1)　短い波長 $\lambda_1$ の光を照射したときの様子を示したものは，図2のa，bのいずれの曲線か答えよ。また，その理由を述べよ。

(2)　プランク定数 $h$〔J・s〕を $c$，$e$，$\lambda_1$，$\lambda_2$，$V_a$，$V_b$ から必要な記号を用いて表せ。

(3)　電子を陰極Kの外部に飛び出させるためには，この金属に固有の限界振動数 $\nu_0$〔Hz〕よりも高い振動数の光を照射しなくてはならない。$\nu_0$ を $c$，$e$，$\lambda_1$，$\lambda_2$，$V_a$，$V_b$ から必要な記号を用いて表せ。

**問 2**　この実験において，$\lambda = 2.0 \times 10^{-7}$ m の光を照射したところ，阻止電圧が 1.6 V であった。ただし，$c = 3.0 \times 10^8$ m/s，$e = 1.6 \times 10^{-19}$ C，$h = 6.6 \times 10^{-34}$ J・s とする。

(1)　照射した光の光子1個のもつエネルギー $E$〔J〕を求めよ。

(2)　飛び出した直後の光電子の運動エネルギーの最大値 $K_0$〔J〕を求めよ。

(3)　陰極金属の仕事関数 $W$〔J〕を求めよ。

(4)　陰極に照射する光の 1 s 間あたりのエネルギーを $1.0 \times 10^{-3}$ J としたとき，陰極にあたる 1 s 間あたりの光子の数は何個か求めよ。ただし，光はすべて陰極にあた

るものとする。

(5) (4)において，陰極にあたる光子1個につき光電子が1個飛び出すものと仮定し，飛び出した光電子がすべて陽極に達するものとして，電流計に流れる電流 $I_0$〔A〕を求めよ。

（弘前大）

**32**  ⏱ 20分  解答は本冊 p.72

次の文を読み，下の問いに答えよ。ただし，電気素量を $e$，プランク定数を $h$，静電気力に関するクーロンの法則の比例定数を $k_0$ とする。

水素原子は電荷 $+e$ の原子核と電荷 $-e$ の電子で構成されている。原子番号 $Z$ の原子核（電荷 $+Ze$）のまわりに電子が1つしかないイオンのことを「水素様イオン」とよぶ。電子は原子核のまわりを等速円運動するものとして，ボーアの原子模型を使って水素様イオンについて考えてみよう。

原子番号 $Z$ の水素様イオンにおいて，原子核のまわりを質量 $m$ の電子が，大きさ (1) の静電気力を向心力として，半径 $r$，速さ $v$ で等速円運動している。電子の定常状態では量子数 $n$（1以上の整数）を用いて，ボーアの量子条件 $mvr =$ (2) が成立する。これを用いると，量子数 $n$ の電子の軌道半径は $r_n =$ (3) となる。

このように，電子の軌道半径は任意の値をとることはできず，とびとびの値をとる。電子の全エネルギー $E_n$ は，運動エネルギーと，電子が原子核から十分に遠方にある場合を基準にした位置エネルギーの和で求められ，$E_n =$ (4) となり，やはりエネルギーもとびとびの値をとることがわかる。

ボーアの量子条件をド・ブロイ波長 $\lambda$ を用いて書き換えると $2\pi r_n =$ (5) となり，これは電子を物質波と考えたときに電子の軌道上に定常波が安定に存在する条件と考えることができる。

原子番号2の He の水素様イオン $He^+$ の $n=4$ の状態から $n=2$ の状態に移るときに放出される光のエネルギーは，水素原子の $n=2$ の状態から $n=1$ の状態に移るときに放出される光のエネルギーの (6) 倍である。

**問1** 文中の空所 (1) にあてはまる数式を，$r$, $m$, $e$, $Z$, $k_0$ のうち必要なものを用いて表せ。

**問2** 文中の空所 (2) ・ (3) それぞれにあてはまる数式を，$m$, $e$, $Z$, $k_0$, $h$, $n$ のうち必要なものを用いて表せ。

**問3** 文中の空所 (4) にあてはまる数式を，$e$, $Z$, $k_0$, $r_n$ のうち必要なものを用いて表せ。

**問4** 文中の空所 (5) にあてはまる数式を，$m$, $e$, $n$, $h$, $\lambda$ のうち必要なものを用いて表せ。

**問5** 文中の空所 (6) にあてはまる数値を有効数字2桁で記せ。

（立教大）

次の文章を読んで設問（問1〜問6）の解答を記せ。また，□□□には適した語句または値をそれぞれ記せ。ただし，□(3)□と□(4)□は，最も適切な語句を解答群から1つずつ選び，記号で記せ。□(5)□と□(6)□は，質量数と原子番号をそれぞれ記せ。

Ⅰ　原子番号が同じで質量数が異なる原子どうしを互いに同位体といい，同位体の中で放射線を放出して別の原子核に変わるものを放射性同位体という。原子核の主な崩壊には，ヘリウム $_2^4\text{He}$ の原子核を放出する□(1)□と，原子核中の1個の中性子が電子を放出して陽子に変化する□(2)□がある。崩壊によって生成された原子核も不安定な状態となることがあり，そのような状態から余分なエネルギーをγ線として放出し，よりエネルギーの低い安定な状態に変化することをγ崩壊という。γ崩壊では，固有のエネルギーのγ線が放出される。また，γ崩壊などをする不安定な状態を励起状態という。

　物質が自発的に放射線を出す性質を放射能という。1 s 間あたりに崩壊する原子核の数を放射能の強さといい，単位には□(3)□を用いる。また，放射線の人体への影響の大きさを表す量を等価線量といい，単位には□(4)□を用いる。なお，原子核や原子の質量を表すには，炭素 $_6^{12}\text{C}$ の原子1個の質量の $\dfrac{1}{12}$ を基準とする原子質量単位を用い，記号 u で表す。

　□(3)□と□(4)□の解答群：

(ア)　キュリー（Ci）　　(イ)　ベクレル（Bq）　　(ウ)　グレイ（Gy）

(エ)　シーベルト（Sv）　　(オ)　レントゲン（R）

Ⅱ　地球に存在する天然のカリウムには $^{39}\text{K}$，$^{40}\text{K}$，$^{41}\text{K}$，の3つの同位体がある。このうち $^{39}\text{K}$ と $^{41}\text{K}$ は安定な同位体である。$^{40}\text{K}$ は半減期 12.5 億年（≒$4.0\times10^{16}$秒）の放射性同位体であるため，地球形成時の $^{40}\text{K}$ がいまだに自然界に存在していることになる。カリウムは人間の生命活動を支える必須元素であり，人体内では摂取と排出のバランスで一定量のカリウムが常時蓄えられている。一般に成人が目標とすべきカリウム摂取量は1日3 g といわれている。

　$^{40}\text{K}$ の 89.3 % は以下のような□(2)□によってカルシウムになる。

$$_{19}^{40}\text{K} \longrightarrow \ _{\boxed{(6)}}^{\boxed{(5)}}\text{Ca}+\text{e}^-+\bar{\nu}_e \qquad (2\text{-}1)$$

ここで，$\text{e}^-$ は電子，$\bar{\nu}_e$ は電子ニュートリノの反粒子である。$^{40}\text{K}$ の 10.7 % では，原子中の1個の電子が原子核に捕獲されて電子ニュートリノ $\nu_e$ を放出し，アルゴンの励起状態へ崩壊する。この励起状態を $^{40}\text{Ar}^*$ とおく。$^{40}\text{Ar}^*$ はすぐにγ崩壊を起こし，最もエネルギーの低い安定な $^{40}\text{Ar}$ になる。

$$^{40}\text{K}+\text{e}^- \longrightarrow \ ^{40}\text{Ar}^*+\nu_e \qquad (2\text{-}2)$$
$$\longrightarrow \ ^{40}\text{Ar}+\gamma$$

　以下では，カリウムの原子量を 39.0 とし，$^{40}\text{K}$ の存在比を 0.012 % とする。また，真空中の光の速さを $3.0\times10^8\,\text{m/s}$，電気素量を $1.6\times10^{-19}\,\text{C}$，原子質量単位を $1\text{u}=1.66\times10^{-27}\,\text{kg}$ とする。

**問1** 地球形成が50億年前であったとしたとき，地球形成時の $^{40}$K の数は現在の何倍か求めよ。なお，地球形成後に $^{40}$K は生成されていないとする。

**問2** カリウム150gの中の $^{40}$K の個数を求め，有効数字2桁で答えよ。

**問3** 成人が150gのカリウムを体内に常時蓄えているとして，その放射能の強さを求め，有効数字2桁で答えよ。ここでは，$|x| \ll 1$ のとき $\left(\dfrac{1}{2}\right)^x \fallingdotseq 1 - 0.69x$ となる近似式を用いよ。

**問4** 式(2-2)の $\gamma$ 崩壊 $^{40}$Ar$^* \rightarrow {}^{40}$Ar$+\gamma$ における $\gamma$ 線のエネルギーを求め，電子ボルト (eV) の単位を用いて有効数字2桁で答えよ。ただし，$^{40}$Ar$^*$ と $^{40}$Ar の運動エネルギーが無視できるほど小さいとし，$^{40}$Ar$^*$ から $^{40}$Ar へと原子の質量が減少することによって生じるエネルギーのすべてが $\gamma$ 線のエネルギーとなるとしてよい。また，$^{40}$Ar$^*$ と $^{40}$Ar の原子の質量をそれぞれ 39.9640u と 39.9624u とする。

**問5** カリウム3gから1s間あたりに式(2-2)の $\gamma$ 崩壊で放出される $\gamma$ 線の数を求め，有効数字2桁で答えよ。

**問6** 野菜ジュースでカリウム3gを毎日摂取することを考える。市販の野菜ジュースにはカリウム含有量が表示されていないものもあるため，その量を測定することにした。

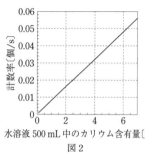

水溶液 500 mL 中のカリウム含有量〔g〕
図2

　まず，塩化カリウム KCl の水溶液 500 mL を容器に入れ，1s間あたりに式(2-2)の $\gamma$ 崩壊で放出される $\gamma$ 線の数（計数率）を離れた位置にある放射線検出器で測定した。KCl 含有量を変えた様々な水溶液で測定を行ったところ，図2が得られた。

　次に，市販の野菜ジュース 500 mL を KCl 水溶液と同じ実験条件で測定したところ，計数率は $2.0 \times 10^{-2}$ 個/s であった。この野菜ジュース 500 mL 中のカリウム含有量を有効数字2桁で答えよ。

（和歌山県立医大）

毎年出る！
センバツ**33**題
物　理
［物理基礎・物理］

別冊
問題

Obunsha

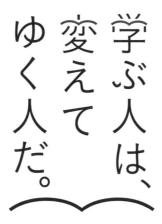

学ぶ人は、
変えて
ゆく人だ。

目の前にある問題はもちろん、

人生の問いや、

社会の課題を自ら見つけ、

挑み続けるために、人は学ぶ。

「学び」で、

少しずつ世界は変えてゆける。

いつでも、どこでも、誰でも、

学ぶことができる世の中へ。

旺文社

毎年出る！
センバツ**33**題

中川雅夫 著

物　理

［物理基礎・物理］

旺文社

# はじめに

　物理を大学入試突破の武器にしましょう。大学入試の物理で高得点を取ることは
やる気さえあれば誰でも可能です。ただ，物理の考え方は多くの人にとって少し変
わっています。この変わったところに慣れることができれば，問題が解けるように
なります。

　本書『毎年出る！センバツ33題　物理』は，短期間で物理ができる人になって
もらうことを目指して執筆しました。常識的な物理の学習法は，基本問題から段階
的に演習を重ねて，いくつかの困難を乗り越えていくものです。確かな物理の力を
つけるためにはよい方法だと思います。でも，受験の物理で点を取るためには必ず
しも正攻法で勉強しなくてもよいのです。本書では，点を取るために「拠点」とな
る問題33題を厳選してあります。頻出事項を扱った問題，重要事項に関する問題
を精選してありますから，模試や入試にそのまま出ます。ポイントは「そのままだ」
と気づけることです。

　毎年入試が終わると生徒が結果を報告してくれます。合格した生徒は「授業で習っ
た問題が出ました」と言い，不合格だった生徒は「初見の問題が出ました」とよく
言います。でも，どちらも同じ授業を受けて同じ入試を受けたのです。「そのま
まだ」と気づくためには，問題から情報をもらうことが必要です。そのために本書
の33題と親しくなってください。問題を読み慣れて馴染んでくると，問題が解き
方を教えてくれます。

　本書の学習法は，解説を読み込むことが中心になります。ある程度得意な人は普
通に問題を解いてから解説をしっかり読んでください。苦手な人，苦手ではないが
点の取れない人は，解説を読んで解き方を真似することから始めます。そのとき，
自分流に「〜だからこうやる」と理屈づけしてみましょう。自分で考えられるよう
なるには，自分独自の「考え方の呼び出し方」が大切です。解説の隅から隅まで目
を通して，さらに行間の見えない部分まで読み取る気持ちで紙と鉛筆を用意して自
分で計算を書きながら学習してください。解説は，あなたにマンツーマンで教えて
いるつもりで書きました。ここは少し詳しく説明しておこうか，ここは少し考えて
もらおうか，など工夫して出題者の考えが伝わるように書きました。

　物理ができる人に変わるためには，物理に近づく努力が大切です。できるだけ少
ない努力で最大限の効果が出るように頑張って書いたので，あとは読者のあなたが
頑張って，一緒に物理を入試の得点源にしましょう。

　　　　　　　　　　　　　　　　　　　　　　　　中 川 雅 夫

# 本書の特長と使い方

## ■ 問題（別冊）

　本書は数ある問題の中から，毎年入試でよく出る標準的な問題を 33 テーマに絞って厳選し，入試前に必ず解いておきたい重要かつ学習効果の高い問題のみ収録しました。

　一通り学習を終えた後の入試に向けた準備段階として，また入試直前の仕上げ用としても利用できます。

　掲載した問題は入試問題そのまま，もしくは一部抜き出した本番形式となっています。

🕐(00)分　　目標解答時間です。この時間内に解き終わるように意識してください。

## ■ 解答・解説（本冊）

　冒頭に問題ごとの解答一覧をつけ，答の確認がすぐにできるようになっています。また，解説は模範解答となる解き方を記しました。

解答 への アプローチ
　　　　問題を解く際に役立つ着眼点，考え方，要点など，わかりやすくまとめました。

POINT
　　　　問題の押さえどころが一目でわかるようになっています。

別解》，参考
　　　　考え方の幅を広げられるように，適宜示しました。

著者紹介

### 中川雅夫（なかがわ・まさお）

代々木ゼミナール物理科講師。『全国大学入試問題正解　物理』（旺文社）の巻頭言執筆者ならびに解答者であり，著書に『物理標準問題精講』（共著），『物理の良問問題集』，『物理思考力問題精講』（以上，旺文社）がある。30 年以上の指導歴をもち，受験勉強としての効率を重視するが，物理の本当の楽しさも伝えたくて，今も挑戦を続けている。時間があれば水泳の指導もし，日本体育協会公認コーチの資格をもっている。

4

# 解答　目次

STAFF
装丁・紙面デザイン：内津　剛（及川真咲デザイン事務所）
図版：なかがわみさこ（有限会社クリエイター・エム）
編集協力：吉田幸恵
企画：椚原文彦

# 第 1 章 | 力学

## 1 板のつりあい

(1) 重心　(2) $3L$　(3) $\dfrac{1}{2}$　(4) $N_1+N_2-M_0g-Mg$

(5) $\sqrt{3}\,MgL-\dfrac{\sqrt{3}}{2}M_0gL-\sqrt{3}\,N_1L$　(6) $\left(M-\dfrac{1}{2}M_0\right)g$　(7) $\dfrac{3}{2}M_0g$

(8) $\dfrac{\sqrt{3}}{3}mg$　(9) $\dfrac{3(2M-M_0)}{8}$

### 解答 へのアプローチ

**質点と剛体**

　実際の物体はいろいろと複雑なので，物理では理想的な物体を扱う。理想的な物体には「質点」と「剛体」がある。「質点」は質量を考えるが大きさが無視できる物体で，「剛体」は質量と大きさを考えるが変形は無視できる物体である。

**つりあい**

　物体が静止を続けるときつりあいの状態にあるという。質点のつりあいでは「力のつりあい」だけを考えればよいが，剛体のつりあいでは「力のつりあい」と「力のモーメントのつりあい」を考える。

**力の見つけ方**

　まず，着目している物体に接している物体から受ける力を考える。代表的なものは，面からの垂直抗力と摩擦力，糸からの張力，ばねからの弾性力であるから，「面，糸，ばねをチェック！」とまず考える。この他には，人が加えている力，液体や気体からの浮力や抵抗力があるが，これらは問題文を読めばわかる。最後に，重力を考える。

**力のモーメント**

　物体を一点で支えてバランスがとれる点を重心という。すなわち，重心は物体の質量がその点に集まったと考えられる点と表現することもできる。

　力のモーメントは，「力の大きさ」と「うでの長さ」の積で与えられる。ここで，「うでの長さ」とは力のモーメントの中心から考えている力の作用線までの距離である。しかし，棒や板にはたらく力のモーメントを考える際には，力の棒や板に垂直な成分の大きさと力のモーメントの中心から考えている力の着力点までの距離と考えればよい。具体的には，本問題の支点Oのまわりの板にはたらく重力のモーメントは，反時計まわりを正とすると，右図を参照して，$-M_0g\cos\theta\cdot L$となる。

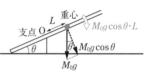

### 解説

(1) 物体の各部分にはたらく重力の合力の作用点を重心という。

(2) 「一様な」と書いてあるから「重心は真ん中」と考えて，左端から距離

$$\frac{6L}{2}=3L$$

の地点に位置する。

(3) 板が地面となす角を $\theta$ とすると，右図の三角形に着目して，

$$\sin\theta = \frac{L}{2L} = \frac{1}{2}$$

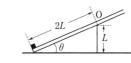

となるから，$\theta = 30°$ とわかる。また，「シーソーを組み立てる」とあることから，点Oのまわりの小物体と板にはたらく重力のモーメントを比べて，小物体にはたらく重力のモーメントの方が大きければ板の左端は地面から離れない。

小物体，板にはたらく重力の板に垂直成分の大きさは

$$Mg\cos 30°, \quad M_0 g\cos 30°$$

であるから，それぞれの力のモーメントは，反時計まわりを正として

$$Mg\cos 30° \cdot 2L, \quad -M_0 g\cos 30° \cdot L$$

となる。板の左端が地面から離れないようにするためには，

$$Mg\cos 30° \cdot 2L - M_0 g\cos 30° \cdot L \geqq 0 \qquad \text{すなわち} \qquad \frac{M}{M_0} \geqq \frac{1}{2}$$

より $M$ を $M_0$ の $\frac{1}{2}$ 倍以上にしなければならない。

---

**POINT** 力のモーメント

棒や板に関して力のモーメントを考えるときは，棒や板に垂直な力の成分を考えると楽になることが多い。

---

(4) 板と支柱をまとめて考えると，地面の垂直方向上向きを正とした力のつりあいの式は，

$$N_1 + N_2 - M_0 g - Mg = 0$$

(5) 支点Oのまわりの力のモーメントのつりあいの式は，
(3)で考えた力のモーメントに垂直抗力のモーメント

$$N_1 \cos 30° \cdot 2L$$

をさらに考慮して，

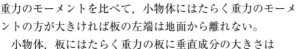

$$Mg\cos 30° \cdot 2L - M_0 g\cos 30° \cdot L - N_1 \cos 30° \cdot 2L = 0$$

すなわち，

$$\sqrt{3}\,MgL - \frac{\sqrt{3}}{2} M_0 gL - \sqrt{3}\,N_1 L = 0$$

(6) (5)の式より，

$$N_1 = \left(M - \frac{1}{2} M_0\right) g$$

**参考** (3)はこの結果で $N_1 \geqq 0$ として得られる。

$$N_1 = \left(M - \frac{1}{2} M_0\right) g \geqq 0 \qquad \text{すなわち} \qquad \frac{M}{M_0} \geqq \frac{1}{2}$$

(7) (6)の結果を(4)の式に代入して,

$$N_2 = M_0 g + Mg - N_1 = \frac{3}{2} M_0 g$$

(8) 小球が動かないとき, 小球にはたらく力の板の面に平行な方向のつりあいが成立している。

$$F \cos 30° = mg \sin 30°$$

よって,

$$F = \frac{\sqrt{3}}{3} mg$$

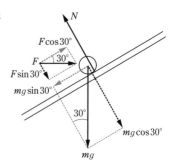

(9) 小物体は板に固定されていたが, 小球は力を加えて動かないようにしているので, 小球が板に及ぼす垂直抗力を考える。この垂直抗力の大きさを $N$ とすると,

$$N = F \sin 30° + mg \cos 30°$$

よって, (8)の結果を用いて,

$$N = \frac{\sqrt{3}}{3} mg \cdot \frac{1}{2} + mg \cdot \frac{\sqrt{3}}{2} = \frac{2\sqrt{3}}{3} mg$$

板の左端が地面から受ける垂直抗力を $N_1'$ とすると, 点Oのまわりの力のモーメントのつりあいの式は,

$$Mg \cos 30° \cdot 2L - M_0 g \cos 30° \cdot L - \frac{2\sqrt{3}}{3} mg \cdot 2L - N_1' \cos 30° \cdot 2L = 0$$

よって, 板の左端が地面から離れないようにするためには, $N_1' \geqq 0$ であればよいから,

$$N_1' = Mg - \frac{1}{2} M_0 g - \frac{4mg}{3} \geqq 0$$

ゆえに,

$$m \leqq \frac{3(2M - M_0)}{8}$$

## 2　斜方投射，自由落下

**問1**　(1)　$x_A = vt\cos\theta$,　$y_A = vt\sin\theta - \dfrac{1}{2}gt^2$　(2)　$v_x = v\cos\theta$,　$v_y = v\sin\theta$

(3)　$Y_A = (X_A + L)\tan\theta - H$

**問2**　(1)　$\tan\theta_1 = \dfrac{H}{L}$　(2)　$v_1 > \sqrt{\dfrac{g(L^2 + H^2)}{2H}}$

### 解答へのアプローチ

**等加速度直線運動の式**

初速度を $v_0$，加速度を $a$，時間を $t$ として，

速度：$v = v_0 + at$

変位：$s = v_0 t + \dfrac{1}{2}at^2$

$t$ を消去：$v^2 - v_0{}^2 = 2as$

**相対速度**

　観測者は，つねに「自分が静止」という立場で運動を見る。したがって，小球Bから見た小球Aの相対速度を考えるには，小球B上に観測者を置き，観測者の速度すなわち小球Bの速度を打ち消す立場で考える。速度を打ち消すには，その速度の「逆ベクトル」を足すと考えればよい。

### 解説

**問1**　(1)　右図のように，小球Aの初速度の $x$ 成分は $v\cos\theta$，$y$ 成分は $v\sin\theta$ である。

　$x$ 方向には力を受けないので，速度 $v\cos\theta$ の等速運動となるから，

$$x_A = v\cos\theta \cdot t$$

　$y$ 方向には重力を受けて，初速度 $v\sin\theta$，加速度 $-g$ の等加速度運動となるから，

$$y_A = v\sin\theta \cdot t - \frac{1}{2}gt^2$$

(2)　小球Aの速度の $x$ 成分を $v_{Ax}$，$y$ 成分を $v_{Ay}$ とすると，

$$v_{Ax} = v\cos\theta,\quad v_{Ay} = v\sin\theta - gt$$

小球Bは自由落下をするから，小球Bの速度の $x$ 成分を $v_{Bx}$，$y$ 成分を $v_{By}$ とすると，

$$v_{Bx} = 0,\quad v_{By} = -gt$$

よって，小球Bから見た小球Aの相対速度の $x$ 成分 $v_x$，$y$ 成分 $v_y$ は，

$$v_x = v_{Ax} + (-v_{Bx}) = v\cos\theta,\quad v_y = v_{Ay} + (-v_{By}) = v\sin\theta$$

---

**POINT　相対速度，相対加速度**

観測者は「自分は静止」の立場で見るから，自分の速度，加速度にそれぞれ「逆ベクトル」を足して $0$ とする。よって，観測する物体の速度，加速度にも「逆ベクトル」を足すと考える。

(3) $XY$ 座標では，原点で静止している小球Bから見た小球Aの相対運動を考えればよい。小球Bから見た小球Aの相対加速度は 0 であることに注意して，小球Aの位置 $(X_A,\ Y_A)$ は，

$$X_A = -L + v_x t = -L + v\cos\theta \cdot t,\quad Y_A = -H + v\sin\theta \cdot t$$

以上 2 式より $t$ を消去すると，

$$\frac{Y_A + H}{X_A + L} = \frac{v\sin\theta}{v\cos\theta} = \tan\theta$$

すなわち，

$$Y_A = (X_A + L)\tan\theta - H$$

**問 2** (1) 2 つの小球が衝突するとき，$(X_A,\ Y_A) = (0,\ 0)$ となるから，問 1 (3)より，

$$0 = (0 + L)\tan\theta_1 - H \qquad \text{ゆえに} \qquad \tan\theta_1 = \frac{H}{L}$$

(2) 衝突する時刻を $t_1$ とすると，問 1 (3)の $Y_A$ の式で $Y_A = 0$ として，

$$0 = -H + v_1\sin\theta_1 \cdot t_1 \qquad \text{よって} \qquad t_1 = \frac{H}{v_1\sin\theta_1}$$

ここで，$\tan\theta_1 = \dfrac{H}{L}$ の関係より右図が得られる。

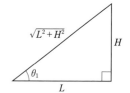

これより，

$$\sin\theta_1 = \frac{H}{\sqrt{L^2 + H^2}}$$

したがって，

$$t_1 = \frac{\sqrt{L^2 + H^2}}{v_1}$$

よって，地面に落ちる前に衝突するためには，衝突時刻 $t_1$ に問 1 (1)の $y_A > 0$ であればよいので，

$$y_A = v_1\sin\theta_1 \cdot t_1 - \frac{1}{2}g t_1^2 = H - \frac{1}{2}g\left(\frac{\sqrt{L^2 + H^2}}{v_1}\right)^2 > 0$$

ゆえに，

$$v_1 > \sqrt{\frac{g(L^2 + H^2)}{2H}}$$

## 3 3つの滑車による運動

(1)　$T:T_1:T_2=1:2:4$　　(2)　$m_2a=m_2g-T$　　(3)　$\dfrac{1}{4}$ 倍

(4)　$\dfrac{4(4m_2-m_1)}{m_1+16m_2}g$　　(5)　$t=2\sqrt{\dfrac{2l}{a}}$,　$v_1=\sqrt{\dfrac{2(4m_2-m_1)}{m_1+16m_2}gl}$

(6)　$T_1=\dfrac{11(m_1+m_2)m_2g}{m_1+21m_2}$,　$T_2=\dfrac{22m_1m_2g}{m_1+21m_2}$,　$a=\dfrac{4(m_2-m_1)}{m_1+21m_2}g$

### 解答 へのアプローチ

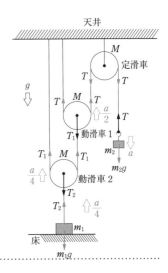

　糸の長さが一定であるから，動滑車1が上昇する距離は，質量 $m_2$ のおもりが下降した距離の $\dfrac{1}{2}$ になる。また，動滑車2と質量 $m_1$ の物体が上昇する距離は，動滑車1が上昇する距離の $\dfrac{1}{2}$ となる。この関係は各瞬間に成立するから，動滑車1，動滑車2と質量 $m_1$ の物体が上昇する速さは，質量 $m_2$ のおもりが下降する速さのそれぞれ $\dfrac{1}{2}$，$\dfrac{1}{4}$ になる。この関係も各瞬間に成立するから，動滑車1，動滑車2と質量 $m_1$ の物体が上昇する加速度の大きさはそれぞれ $\dfrac{a}{2}$，$\dfrac{a}{4}$ になる。

### 解説

　各物体の運動方程式は，

　　　質量 $m_2$ のおもり：$m_2a=m_2g-T$

　　　動滑車1：$M\dfrac{a}{2}=2T-T_1-Mg$

　　　動滑車2：$M\dfrac{a}{4}=2T_1-T_2-Mg$

　　　質量 $m_1$ の物体：$m_1\dfrac{a}{4}=T_2-m_1g$

### POINT 糸に結ばれた物体

　糸が伸び縮みしないことから，糸方向の変位の大きさがつねに等しいから，糸方向の速度成分の大きさがつねに等しくなり，糸方向の加速度の成分の大きさも等しくなる。

(1)　動滑車1の運動方程式で $M=0$ として，

　　　$0=2T-T_1$　　よって　　$T_1=2T$

　動滑車2の運動方程式で $M=0$ として，

　　　$0=2T_1-T_2$　　よって　　$T_2=2T_1=4T$

　ゆえに，張力の大きさの比は，

$$T : T_1 : T_2 = 1 : 2 : 4$$

(2) 質量 $m_2$ のおもりの運動方程式は，

$$m_2 a = m_2 g - T$$

(3) 「解答へのアプローチ」より $\dfrac{1}{4}$ 倍

(4) (1)より $T_2 = 4T$ であるから，質量 $m_1$ の物体の運動方程式で，

$$m_1 \frac{a}{4} = 4T - m_1 g$$

よって，質量 $m_2$ のおもりの運動方程式を用いて $T$ を消去して，

$$a = \frac{4(4m_2 - m_1)}{m_1 + 16m_2} g$$

(5) 初速度 0 で加速度 $\dfrac{a}{4}$ の等加速度運動で，距離 $l$ 運動する時間であるから，

$$l = \frac{1}{2} \cdot \frac{a}{4} \cdot t^2 \qquad \text{ゆえに} \qquad t = 2\sqrt{\frac{2l}{a}}$$

また，求める上昇速度の大きさ $v_1$ は，文字指定により(4)の結果を用いて，

$$v_1 = \frac{a}{4} t = \frac{a}{4} \cdot 2\sqrt{\frac{2l}{a}} = \frac{1}{2}\sqrt{2al} = \sqrt{\frac{2(4m_2 - m_1)}{m_1 + 16m_2} gl}$$

(6) $M = m_2$ のとき，質量 $m_2$ のおもり，動滑車 1 の運動方程式より $T$ を消去して，

$$\frac{5}{2} m_2 a = m_2 g - T_1$$

また，動滑車 2，質量 $m_1$ の物体の運動方程式より $T_2$ を消去して，

$$\frac{1}{4}(m_1 + m_2)a = 2T_1 - (m_1 + m_2)g$$

よって，以上 2 式より $a$ を消去して，

$$T_1 = \frac{11(m_1 + m_2)m_2 g}{m_1 + 21m_2}$$

今度は，動滑車 2，質量 $m_1$ の物体の運動方程式より $a$ を消去して，

$$T_2 = \frac{2m_1}{m_1 + m_2} T_1 = \frac{22m_1 m_2 g}{m_1 + 21m_2}$$

質量 $m_1$ の物体の運動方程式を用いて，

$$a = \frac{4T_2}{m_1} - 4g = \frac{88m_2 g}{m_1 + 21m_2} - 4g = \frac{4(m_2 - m_1)}{m_1 + 21m_2} g$$

## 4 衝突，運動量保存の法則

(1) $\dfrac{1}{2}kx^2$　(2) $x\sqrt{\dfrac{k}{2m}}$　(3) $\dfrac{2(1+e)}{3}v_\mathrm{a}$　(4) 右向き

(5) 小物体B：$-\mu'g$，台車：$\dfrac{\mu'm}{M}g$　(6) $\dfrac{m}{m+M}v_\mathrm{b}'$　(7) $\dfrac{MV}{\mu'mg}$

(8) $\dfrac{mMv_\mathrm{b}'^2}{2(m+M)}$　(9) $\dfrac{\Delta E}{\mu'mg}$　(10)

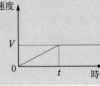

### 解答 へのアプローチ

　衝突のように同じ大きさの力を互いに逆向きにおよぼしあう相互作用では，力積の和が0となり，運動量の和が一定となる（運動量保存の法則）。また，はねかえり係数（反発係数）の式は，相対速度の大きさがはねかえり係数倍（$e$倍）となり，向きが反対となるので負号をつける。

### 解説

(1)　求める弾性エネルギーを$U_\mathrm{e}$とすると，

$$U_\mathrm{e}=\dfrac{1}{2}kx^2$$

(2)　力学的エネルギー保存の法則より，

$$\dfrac{1}{2}\cdot 2mv_\mathrm{a}{}^2=\dfrac{1}{2}kx^2 \quad ゆえに \quad v_\mathrm{a}=x\sqrt{\dfrac{k}{2m}}$$

(3)　衝突後の小物体Aの速度を$v_\mathrm{a}'$とすると，運動量保存の法則より，

$$2mv_\mathrm{a}=2mv_\mathrm{a}'+mv_\mathrm{b}'$$

はねかえり係数の式より

$$v_\mathrm{a}'-v_\mathrm{b}'=-e\cdot v_\mathrm{a}$$

以上2式より，

$$v_\mathrm{a}'=\dfrac{2-e}{3}v_\mathrm{a},\quad v_\mathrm{b}'=\dfrac{2(1+e)}{3}v_\mathrm{a}$$

#### POINT 運動量保存の法則

地上で等しい大きさの力を互いに逆向きに及ぼしあって運動しているとき，重力のはたらかない水平方向の運動量の和が保存される。

(4)　(3)の$v_\mathrm{a}'$の式で$0<e<1$より，$v_\mathrm{a}'>0$となるから，小物体Aの運動の向きは右向き。

(5)　小物体Bが台車の上面から受ける垂直抗力の大きさは

$$N=mg$$

であるから，小物体Bと台車の間で及ぼしあう動摩擦力

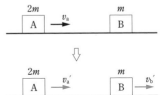

の大きさは $\mu' mg$ である。これより小物体B，台車の加速度を $a$，$A$ として運動方程式を立てると，

小物体B：$ma = -\mu' mg$ よって $a = -\mu' g$

台車：$MA = \mu' mg$ よって $A = \dfrac{\mu' m}{M} g$

(6) 運動量保存の法則より，

$$mv_b' = (m+M)V \quad \text{よって} \quad V = \frac{m}{m+M} v_b'$$

(7) 台車の速度が $V$ となるまでの時間を考えて，

$$V = At \quad \text{よって} \quad t = \frac{V}{A} = \frac{MV}{\mu' mg}$$

(8) 失われた全力学的エネルギーは，

$$\Delta E = \frac{1}{2} m v_b'^2 - \frac{1}{2}(m+M)V^2 = \frac{mMv_b'^2}{2(m+M)}$$

(9) 台車の速度が $V$ となるまでに台車が床をすべった距離を $L$ とすると，小物体Bと台車の系の力学的エネルギーの変化と仕事の関係より，

$$-\Delta E = -\mu' mg(L+l) + \mu' mgL \quad \text{よって} \quad l = \frac{\Delta E}{\mu' mg}$$

(10) 小物体Bが台車の上で停止するまで，小物体Bと台車は共に等加速度運動をするから，速度と時間の関係のグラフは直線となる。その後は速度は $V$ で一定となる。小物体Bの速度を破線，台車の速度を実線で描くと右図のようになる。

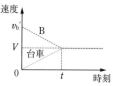

## 5 円錐振り子

(1) $\dfrac{mg}{\cos\theta}$ 〔N〕　　(2) $\sqrt{\dfrac{g}{L\cos\theta}}$ 〔rad/s〕　　(3) $2\pi\sqrt{\dfrac{L\cos\theta}{g}}$ 〔s〕

(4) $\dfrac{1}{2}mgL\sin\theta\tan\theta$ 〔J〕　　(5) $mgL(\cos\theta-\cos2\theta)$ 〔J〕

(6) $\dfrac{3+5\sqrt{3}}{12}mgL$ 〔J〕

### 解答 へのアプローチ

円運動では円軌道の中心をおさえ，中心に向かう向きに運動方程式を立てる。本問題の図を見ると，円錐面上の円運動の問題を考えるように見えるが，「小球は斜面から浮上し始めた」という記述から，通常の円錐振り子を考えればよい。

### 円運動の関係式

小球が半径 $r$ の円軌道上を運動しているとき，速さ $v$，角速度 $\omega$ の間には，

速度と角速度：$v=r\omega$

向心加速度：$a=\dfrac{v^2}{r}=r\omega^2$

これらは，等速円運動でなくても，円運動の各瞬間に成り立つ。

### 解説

(1) 小球にはたらく力は右図のように大きさ $S_1$ の糸の張力と大きさ $mg$ の重力だけである。小球にはたらく力の鉛直方向のつりあいより，

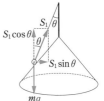

$$S_1\cos\theta=mg \qquad \text{よって} \qquad S_1=\dfrac{mg}{\cos\theta}\ \text{〔N〕}$$

(2) 円運動の半径は

$$L\sin\theta$$

であるから，向心加速度の大きさは

$$L\sin\theta\cdot\omega_1{}^2$$

となる。よって，円運動の運動方程式は，

$$m\cdot L\sin\theta\cdot\omega_1{}^2=S_1\sin\theta \qquad \text{ゆえに} \qquad \omega_1=\sqrt{\dfrac{g}{L\cos\theta}}\ \text{〔rad/s〕}$$

POINT 円運動

円運動の中心をおさえ，向心加速度を考えて中心方向に運動方程式を立てる。

(3) 円運動の周期 $T_1$ は，

$$T_1=\dfrac{2\pi}{\omega_1}=2\pi\sqrt{\dfrac{L\cos\theta}{g}}\ \text{〔s〕}$$

(4) 小球の円運動の速さは

$$L\sin\theta\cdot\omega_1=\sin\theta\sqrt{\dfrac{gL}{\cos\theta}}$$

であるから，小球の運動エネルギー $K_1$ は，

$$K_1 = \frac{1}{2}m\left(\sin\theta\sqrt{\frac{gL}{\cos\theta}}\right)^2 = \frac{1}{2}mgL\sin\theta\tan\theta \;(J)$$

(5) 小球の円軌道の高さは

$$L\cos\theta - L\cos 2\theta$$

高くなるから，位置エネルギーの増加 $\Delta E_p$ は，

$$\Delta E_p = mgL(\cos\theta - \cos 2\theta) \;(J)$$

(6) 小球の運動エネルギーの増加を $\Delta E_K$ とすると，

$$\Delta E_K = \frac{1}{2}m\left(\sin 2\theta\sqrt{\frac{gL}{\cos 2\theta}}\right)^2 - \frac{1}{2}mgL\sin\theta\tan\theta$$

$\theta = 30°$ とすると，

$$\Delta E_K = \frac{1}{2}m\left(\sin 60°\sqrt{\frac{gL}{\cos 60°}}\right)^2 - \frac{1}{2}mgL\sin 30°\tan 30° = \frac{3\sqrt{3}-1}{4\sqrt{3}}mgL$$

$$\Delta E_p = mgL(\cos 30° - \cos 60°) = \frac{\sqrt{3}-1}{2}mgL$$

よって，

$$\Delta E = \Delta E_K + \Delta E_p = \frac{3+5\sqrt{3}}{12}mgL \;(J)$$

## 6 鉛直面内の円運動

問1 (1) $\sqrt{v_0{}^2-2gr(1-\cos\theta)}$　　(2) $m\dfrac{v_0{}^2}{r}-2mg(1-\cos\theta)$

(3) $m\dfrac{v_0{}^2}{r}+mg(3\cos\theta-2)$　　(4) $\sqrt{5gr}$　　(5) $\sqrt{gr}$

問2 (6) $mg\cos\phi+ma\sin\phi$　　(7) $mg\sin\phi-ma\cos\phi$　　(8) $g\tan\phi$

(9) $(g\cos\phi+a\sin\phi)\sin\phi$　　(10) $(g\sin\phi-a\cos\phi)\sin\phi$　　(11) $\sqrt{g^2+a^2}\,t\sin\phi$

(12) $\sqrt{\dfrac{2h}{(g\sin\phi-a\cos\phi)\sin\phi}}$　　(13) $\dfrac{1}{3}g$

### 解答 へのアプローチ

　鉛直面内の円運動では，各位置で成り立つ円運動の運動方程式，あるいは遠心力を含むつりあいの式を立て，力学的エネルギー保存の法則を用いる。また，円軌道に沿って最高点に達する条件は，最高点で最小となる垂直抗力が0以上になることである。

### 解説

問1 (1)　角度 $\theta$ における小球の速さを $v_\theta$ とすると，力学的エネルギー保存の法則より，

$$\frac{1}{2}mv_0{}^2=\frac{1}{2}mv_\theta{}^2+mgr(1-\cos\theta)　　よって　　v_\theta=\sqrt{v_0{}^2-2gr(1-\cos\theta)}$$

(2)　向心加速度の大きさは $\dfrac{v_\theta{}^2}{r}$ であるから，向心力の大きさを $f_\theta$ とすると，

$$f_\theta=m\frac{v_\theta{}^2}{r}=m\frac{v_0{}^2}{r}-2mg(1-\cos\theta)$$

(3)　小球が半円筒から受ける垂直抗力の大きさを $N_\theta$ とすると，円運動の運動方程式を立てて，

$$m\frac{v_\theta{}^2}{r}=N_\theta-mg\cos\theta$$

(2)の結果を用いて，

$$N_\theta=m\frac{v_0{}^2}{r}+mg(3\cos\theta-2)$$

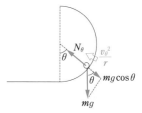

(4)　半円筒の上端に達するための条件は，$\theta=\pi$ のとき垂直抗力 $N_\pi\geqq0$ である。よって，

$$N_\pi=m\frac{v_0{}^2}{r}+mg(3\cos\pi-2)=m\frac{v_0{}^2}{r}-5mg\geqq0　　すなわち　　v_0\geqq\sqrt{5gr}$$

> **POINT** 鉛直面内の円運動で最高点に達する条件
> 最高点で垂直抗力や糸の張力が0以上。

(5)　(3)より，

$$N_\theta=m\frac{v_\theta{}^2}{r}+mg\cos\theta$$

となり，(4)より $v_0=\sqrt{5gr}$ のとき $N_\pi=0$ であるから，求める速さを $v_\pi$ として，

$$N_\pi=m\frac{v_\pi{}^2}{r}+mg\cos\pi=0　　すなわち　　v_\pi=\sqrt{gr}$$

**別解》** (1)の結果より求めてもよい。

$$v_\pi = \sqrt{v_0{}^2 - 2gr(1-\cos\pi)} = \sqrt{5gr - 4gr} = \sqrt{gr}$$

**問2** (6) 小球が斜面から受ける垂直抗力の大きさを $N$ とすると，斜面に垂直方向の力のつりあいより，

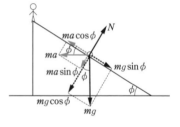

$$N = mg\cos\phi + ma\sin\phi$$

(7) 小球にはたらく力の斜面方向の成分を $f$ とすると，

$$f = mg\sin\phi - ma\cos\phi$$

(8) 小球が台に対して静止しているとき，(7)の $f=0$ であるから，

$$mg\sin\phi - ma_0\cos\phi = 0 \qquad よって \qquad a_0 = g\tan\phi$$

(9), (10) 小球の $x$ 軸方向，$y$ 軸方向の加速度を $a_x$, $a_y$ とすると，運動方程式は，

$$x 軸方向：ma_x = N\sin\phi$$
$$y 軸方向：ma_y = mg - N\cos\phi$$

よって，(6)の結果を用いて，

$$a_x = \frac{N}{m}\sin\phi = (g\cos\phi + a\sin\phi)\sin\phi$$

$$a_y = g - \frac{N}{m}\cos\phi = (g\sin\phi - a\cos\phi)\sin\phi$$

(11) 時刻 $t$ での小球の速さを $v$ とすると，

$$v = \sqrt{(a_x t)^2 + (a_y t)^2} = \sqrt{g^2 + a^2}\, t\sin\phi$$

(12) 小球の $y$ 軸方向の変位が $h$ であるから，求める時刻を $t$ とすると，

$$h = \frac{1}{2}a_y t^2 \qquad ゆえに \qquad t = \sqrt{\frac{2h}{a_y}} = \sqrt{\frac{2h}{(g\sin\phi - a\cos\phi)\sin\phi}}$$

(13) 半円筒面の下端に達した瞬間の小球の速度を $v_0'$ とすると，(11), (12)および与えられた値より，

$$v_0' = \sqrt{g^2 + a^2}\sqrt{\frac{2\cdot\frac{3}{2}r}{\left(g\sin\frac{\pi}{4} - a\cos\frac{\pi}{4}\right)\sin\frac{\pi}{4}}}\sin\frac{\pi}{4} = \sqrt{\frac{3(g^2+a^2)r}{g-a}}$$

(4)より，小球が半円筒の上端に達するためには，

$$\sqrt{\frac{3(g^2+a^2)r}{g-a}} \geqq \sqrt{5gr} \qquad よって \qquad 3a^2 + 5ga - 2g^2 \geqq 0$$

変形して，

$$(3a - g)(a + 2g) \geqq 0$$

$a > 0$ であるから，

$$a \geqq \frac{1}{3}g$$

## 7 万有引力による運動

(1) $\sqrt{\dfrac{GM}{r}}$，導き方は「解説」参照　(2) $2\pi r\sqrt{\dfrac{r}{GM}}$　(3) $\dfrac{r}{R}s_0$

(4) $\sqrt{\dfrac{2GMR}{r(R+r)}}$，導き方は「解説」参照　(5) $\sqrt{\dfrac{2GM}{r}}$，導き方は「解説」参照

### 解答 へのアプローチ

　人工衛星が楕円軌道を描いて運動する問題では，ケプラーの第2法則（面積速度一定の法則）の式と力学的エネルギー保存の法則の式を立て，連立して値を求める。

### ケプラーの法則

　　　第1法則：惑星は，太陽を1つの焦点とする楕円軌道上を運動する。

　　　第2法則：太陽と惑星を結ぶ動径が単位時間に通過する面積（面積速度とよぶ）は，それ
　　　　　　　 ぞれの惑星で一定となる。

　　　第3法則：惑星の公転周期の2乗と楕円軌道の長半径の3乗の比はすべての惑星で同じ
　　　　　　　 値となる。

　このケプラーの法則は，太陽のまわりの惑星の運動だけではなく，地球のまわりの人工衛星の運動のように，ある星からの万有引力により運動している物体で成立する。「第2法則は1つの軌道上」，「第3法則は1つの星のまわりのすべての軌道」と覚えておくとよい。

### 解説

(1) 小物体Xの円運動の運動方程式は，

$$m\frac{v_0{}^2}{r}=G\frac{Mm}{r^2}$$

ゆえに，

$$v_0=\sqrt{\frac{GM}{r}}$$

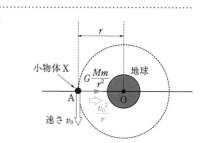

(2) 円運動の周期を $T_0$ とすると，

$$T_0=\frac{2\pi r}{v_0}=2\pi r\sqrt{\frac{r}{GM}}$$

(3) 点Aと点Bでケプラーの第2法則を用い
　　て，

$$\frac{1}{2}rs_0=\frac{1}{2}Rs_1$$

ゆえに，

$$s_1=\frac{r}{R}s_0$$

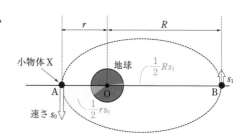

(4) 力学的エネルギー保存の法則より，

$$\frac{1}{2}ms_0{}^2-G\frac{Mm}{r}=\frac{1}{2}ms_1{}^2-G\frac{Mm}{R}$$

(3)の関係を用いて，変形すると，

$$\frac{1}{2}ms_0{}^2\left\{1-\left(\frac{r}{R}\right)^2\right\}=G\frac{Mm}{r}\left(1-\frac{r}{R}\right)$$

$R>r$ より，$1-\dfrac{r}{R}>0$ であるから，

$$\frac{1}{2}ms_0{}^2\left(1+\frac{r}{R}\right)=G\frac{Mm}{r} \qquad ゆえに \qquad s_0=\sqrt{\frac{2GMR}{r(R+r)}}$$

(5) 無限遠では万有引力の位置エネルギーは 0 となるので，無限遠での運動エネルギーを $K_\infty$ として $K_\infty\geqq0$ であれば点 A に戻れなくなる。ここで，力学的エネルギー保存の法則より，

$$\frac{1}{2}ms_0{}^2-G\frac{Mm}{r}=K_\infty$$

よって，

$$\frac{1}{2}ms_0{}^2-G\frac{Mm}{r}\geqq0 \qquad より \qquad s_0\geqq\sqrt{\frac{2GM}{r}}=V$$

---

**POINT** 飛び去る条件

人工衛星など万有引力を受けて運動する物体が飛び去る条件は，無限遠で運動エネルギーが 0 以上である。

## 8 水平ばね振り子の単振動

(1) $ma = -kx$  (2) 振幅：$l$，周期：$2\pi\sqrt{\dfrac{m}{k}}$  (3) $l\sqrt{\dfrac{k}{m}}$

(4) 静止摩擦係数：$\dfrac{kd}{mg}$，動摩擦係数：$\dfrac{k(x_0+x_1)}{2mg}$

(5) $v_\mathrm{m} = \dfrac{x_0-x_1}{2}\sqrt{\dfrac{k}{m}}$，$x_\mathrm{m} = \dfrac{x_0+x_1}{2}$  (6) $\dfrac{x_0{}^2 - x_\mathrm{S}{}^2}{x_0+x_1}$

### 解答 への アプローチ

　単振動では「振動中心」「振幅」「周期」をおさえる。振幅は振動中心と一方の端との距離となるが，振動の一方の端は「静かにはなした位置」として与えられることが多い。また，単振動の速さは振動中心で最大となり，最大値は「振幅×角振動数」で与えられる。

### 解説

(1) ばねの弾性力は $-kx$ であるから，運動方程式は，
$$ma = -kx$$

(2) (1)の運動方程式より振動中心は原点Oであり，原点Oから長さ $l$ だけ縮めて静かにはなしたことから，振幅は $l$ である。

　この単振動の角振動数を $\omega$ とすると，
$$a = -\omega^2 x$$
となるから，(1)の式より，
$$a = -\frac{k}{m}x = -\omega^2 x \qquad \text{ゆえに} \qquad \omega = \sqrt{\frac{k}{m}}$$
よって，この単振動の周期を $T$ とすると，
$$T = \frac{2\pi}{\omega} = 2\pi\sqrt{\frac{m}{k}}$$

(3) 原点Oを通るときの速さを $v_0$ とすると，このときが単振動の速さの最大値であるから，
$$v_0 = l\omega = l\sqrt{\frac{k}{m}}$$

　別解≫ 力学的エネルギー保存の法則より求めることもできる。
$$\frac{1}{2}mv_0{}^2 = \frac{1}{2}kl^2 \qquad \text{ゆえに} \qquad v_0 = l\sqrt{\frac{k}{m}}$$

(4) 物体が水平面から受ける垂直抗力の大きさは
$$N = mg$$
であるから，静止摩擦係数を $\mu_0$ とすると，最大摩擦力の大きさは
$$\mu_0 N = \mu_0 mg$$
となる。よって，$x$ が原点から距離 $d$ 以下では動かなかったことから，
$$kd = \mu_0 mg \qquad \text{ゆえに} \qquad \mu_0 = \frac{kd}{mg}$$

　また，位置 $x_0$ から位置 $x_1$ まで距離
$$x_0 - x_1$$

だけ運動して速さが 0 となったことから，動摩擦係数を $\mu$ として力学的エネルギーの変化と保存力以外の外力がする仕事の関係より，

$$\frac{1}{2}kx_1{}^2 - \frac{1}{2}kx_0{}^2 = -\mu mg(x_0 - x_1) \qquad \text{ゆえに} \qquad \mu = \frac{k(x_0 + x_1)}{2mg}$$

**別解》** 位置 $x$ での物体の加速度を $a'$ とすると，運動方程式は，

$$ma' = -kx + \mu mg = -k\left(x - \frac{\mu mg}{k}\right)$$

これより，物体の左方への運動は

$$x = \frac{\mu mg}{k}$$

を中心とした単振動とみなすことができる。

一方，位置 $x_0$ と位置 $x_1$ の中点は $\dfrac{x_0 + x_1}{2}$ と表されるから，

$$\frac{x_0 + x_1}{2} = \frac{\mu mg}{k} \qquad \text{ゆえに} \qquad \mu = \frac{k(x_0 + x_1)}{2mg}$$

(5) 物体の速さが最大となるのは振動中心であるから，

その位置は $\quad x_\mathrm{m} = \dfrac{x_0 + x_1}{2}$

また，速さの最大値 $v_\mathrm{m}$ は，この単振動の振幅が

$\dfrac{x_0 - x_1}{2}$ であり，角振動数は $\sqrt{\dfrac{k}{m}}$ であるから，

$$v_\mathrm{m} = \frac{x_0 - x_1}{2}\sqrt{\frac{k}{m}}$$

(6) 求める全行程の長さを $L$ とすると，力学的エネルギーの変化と保存力以外の仕事の関係より，

$$\frac{1}{2}kx_\mathrm{S}{}^2 - \frac{1}{2}kx_0{}^2 = -\mu mgL \qquad \text{よって} \qquad L = \frac{k(x_0{}^2 - x_\mathrm{S}{}^2)}{2\mu mg} = \frac{x_0{}^2 - x_\mathrm{S}{}^2}{x_0 + x_1}$$

> ─ **POINT** 保存力の仕事と保存力以外の力の仕事 ─
> 保存力の仕事は始点と終点のみで決まり途中の経路によらないが，保存力以外の力の仕事は途中の経路による。

## 9 鉛直ばね振り子の単振動

(1) $\dfrac{(M+m)g}{k}$    (2) $T_a=2\pi\sqrt{\dfrac{M+m}{k}}$,   $V_a=S\sqrt{\dfrac{k}{M+m}}$

(3) $X_b=\dfrac{Mg}{k}$,   $A=\sqrt{\left(\dfrac{mg}{k}\right)^2+\dfrac{MS^2}{M+m}}$,   $T_b=2\pi\sqrt{\dfrac{M}{k}}$

(4) $H=\pi S\sqrt{\dfrac{M}{M+m}}+\dfrac{\pi^2 gM}{2k}$

(5) $P_b=\dfrac{m(m-2M)S}{M+m}\sqrt{\dfrac{k}{M+m}}$,   $P_c=\dfrac{M(2m-M)S}{M+m}\sqrt{\dfrac{k}{M+m}}$

(6) $P_d=(m-M)S\sqrt{\dfrac{k}{M+m}}$

### 解答 へのアプローチ

運動方程式が $ma=-kx$ と表された単振動の位置エネルギーを $U$ とすると，

$$U=\frac{1}{2}kx^2$$

となる。ただし，$x$ は振動中心からの変位である。本問題のように重力とばねの弾性力を受けて単振動する場合も，重力の位置エネルギーとばねの弾性力による位置エネルギーの和は

$$U=\frac{1}{2}kx^2$$

で与えられる。

### 解説

(1) 右図の電磁石・鉄球にはたらく力のつりあいより，
$$kX_a=(M+m)g$$
よって，
$$X_a=\frac{(M+m)g}{k}$$

(2) つりあいの位置から上方に $X$ 変位したときの加速度を鉛直上向きに $A$ とすると，運動方程式は，
$$(M+m)A=k(X_a-X)-(M+m)g$$
(1)の関係を用いて，
$$(M+m)A=-kX$$
この単振動の角振動数を $\omega$ とすると，
$$A=-\omega^2 X$$
となるから，
$$\omega=\sqrt{\frac{k}{M+m}}$$
よって，この単振動の周期 $T_a$ は，
$$T_a=\frac{2\pi}{\omega}=2\pi\sqrt{\frac{M+m}{k}}$$

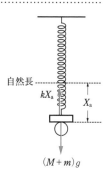

自然長

$kX_a$

$X_a$

$(M+m)g$

つりあいの位置を通過するとき速さは最大となり，この単振動の振幅は $S$ であるから，

$$V_\mathrm{a} = S\sqrt{\dfrac{k}{M+m}}$$

(3) 単振動を開始してからちょうど $\dfrac{3}{4}$ 周期後には，電磁石・鉄球ははじめのつりあいの位置を鉛直下方に通過する。電磁石のスイッチを切ると，ばねに電磁石だけがつるされた状態となる。このときのつりあいの位置が新たな単振動の中心位置となる。よって，力のつりあいより，

$$kX_\mathrm{b} = Mg \qquad \text{ゆえに} \qquad X_\mathrm{b} = \dfrac{Mg}{k}$$

新たな単振動に力学的エネルギー保存の法則を用いて，

$$\dfrac{1}{2}MV_\mathrm{a}^2 + \dfrac{1}{2}k(X_\mathrm{a}-X_\mathrm{b})^2 = \dfrac{1}{2}kA^2 \qquad \text{よって} \qquad A = \sqrt{\left(\dfrac{mg}{k}\right)^2 + \dfrac{MS^2}{M+m}}$$

新たな単振動は，質量 $M$ の電磁石がばね定数 $k$ のばねに結ばれた単振動であるから，周期 $T_\mathrm{b}$ は，

$$T_\mathrm{b} = 2\pi\sqrt{\dfrac{M}{k}}$$

---
**POINT** 単振動の位置エネルギー

運動方程式が $ma = -kx$ と表されるとき，単振動の位置エネルギーは $U = \dfrac{1}{2}kx^2$ で表される。

---

(4) 電磁石の運動の対称性より，時間

$$\dfrac{T_\mathrm{b}}{2} = \pi\sqrt{\dfrac{M}{k}}$$

で鉄球は距離 $H$ だけ落下するから，

$$H = V_\mathrm{a}\dfrac{T_\mathrm{b}}{2} + \dfrac{1}{2}g\left(\dfrac{T_\mathrm{b}}{2}\right)^2 = \pi S\sqrt{\dfrac{M}{M+m}} + \dfrac{\pi^2 gM}{2k}$$

(5) 鉛直上方を正とした，運動量保存の法則より，

$$P_\mathrm{b} + P_\mathrm{c} = mV_\mathrm{a} + M(-V_\mathrm{a})$$

衝突直後の鉄球と電磁石の速度は $\dfrac{P_\mathrm{b}}{m}$，$\dfrac{P_\mathrm{c}}{M}$ であるから，はねかえり係数の関係より，

$$\dfrac{P_\mathrm{b}}{m} - \dfrac{P_\mathrm{c}}{M} = (-0.5)\{V_\mathrm{a} - (-V_\mathrm{a})\}$$

以上 2 式より，

$$P_\mathrm{b} = \dfrac{m(m-2M)}{M+m}V_\mathrm{a} = \dfrac{m(m-2M)S}{M+m}\sqrt{\dfrac{k}{M+m}}$$

$$P_\mathrm{c} = \dfrac{M(2m-M)}{M+m}V_\mathrm{a} = \dfrac{M(2m-M)S}{M+m}\sqrt{\dfrac{k}{M+m}}$$

(6) 運動量保存の法則より，

$$P_\mathrm{d} = mV_\mathrm{a} + M(-V_\mathrm{a}) = (m-M)S\sqrt{\dfrac{k}{M+m}}$$

# 第 2 章 熱力学

## 10 水熱量計による比熱の測定

(1) 熱平衡　(2) $\dfrac{m_A c_A t_A + m_B c_B t_B}{m_A c_A + m_B c_B}$ 〔℃〕

(3) $c_X = \dfrac{(m_A c_A + m_B c_B)(t_2 - t_1)}{m_X(90 - t_2)}$ 〔J/(g·K)〕

(4) (ウ)

理由：熱が外部に逃げるため，金属球が失った熱量は増加し，金属製容器と水が得た熱量は減少するから。(45字)

### 解答 へのアプローチ

　熱平衡に関する問題では「高温物体が失った熱量」が「低温物体が得た熱量」となることを式で表す。

**熱量と比熱，熱容量**

　比熱 $c$〔J/(g·K)〕の物質でできた熱容量 $C$〔J/K〕の物体に熱量 $Q$〔J〕を加えたところ，物体の温度が $\Delta t$〔K〕だけ変化したとすると，物体の質量を $m$〔g〕として，

$$Q = mc\Delta t = C\Delta t$$

### 解説

(1) 熱の移動が終わり，温度が等しくなった状態を<u>熱平衡</u>という。

(2) 実験 1 で水温はわずかに上昇したことから，高温物体は金属製容器で低温物体は水である。

$$m_A c_A(t_A - t_1) = m_B c_B(t_1 - t_B) \qquad よって \qquad t_1 = \dfrac{m_A c_A t_A + m_B c_B t_B}{m_A c_A + m_B c_B} 〔℃〕$$

> **POINT** 熱の移動
>
> 高温物体から低温物体への一方通行で，放出熱量と吸収熱量は等しい。

(3) 金属球が高温物体，金属製容器と水が低温物体であるから，

$$m_X c_X(90 - t_2) = m_A c_A(t_2 - t_1) + m_B c_B(t_2 - t_1)$$

よって，

$$c_X = \dfrac{(m_A c_A + m_B c_B)(t_2 - t_1)}{m_X(90 - t_2)} 〔J/(g·K)〕$$

(4) $t_2$ が実験室の室温より高かったことから，断熱容器を取り外すと熱が外部の空気にも移動するので，熱平衡時の温度は $t_2$ より低くなる。つまり，金属球の金属の比熱は，実験 2 で得られた値に対して小さくなる(ウ)。

## **11** 気体分子運動論，断熱的混合

(1) $2mv_x$　　(2) $\dfrac{v_x}{2L}$　　(3) $\dfrac{mv_x{}^2}{L}$　　(4) 解説参照

(5) 圧力：$\dfrac{Nm\overline{v^2}}{3L^3}$，運動エネルギー：解説参照　　(6) $\dfrac{7}{3}T$　　(7) $\dfrac{7NRT}{3N_AL^3}$

**解答へのアプローチ**

　気体分子の運動は考え方の流れが決まっているので確認しておきたい。また，色々な量の総和は，総和となる個数と平均値の積で与えられる。

**解説**

(1) 気体分子の1回の衝突によって壁 $S_x$ が受ける $x$ 軸方向の力積の大きさは，気体分子が壁 $S_x$ から受ける $x$ 軸方向の力積の大きさに等しい。よって，求める力積の大きさを $i_x$ として，運動量変化と力積の関係より，

$$i_x = mv_x - m(-v_x) = 2mv_x$$

(2) この気体分子は $x$ 軸方向に距離 $2L$ 運動する毎に壁 $S_x$ に衝突する。気体分子が $x$ 軸方向に単位時間に進む距離は $v_x$ であるから，単位時間の衝突回数を $\nu$ とすると，

$$\nu = \frac{v_x}{2L}$$

**参考**　考えている気体分子と壁 $S_x$ との衝突は，2回目以降は $x$ 方向に距離 $2L$ 進む毎に起こる。しかし，1回目の壁 $S_x$ との衝突は距離 $2L$ 進まずに起こる。この衝突分が気になるかもしれないが，単位時間の衝突回数は十分多数であるから，1回の違いは問題にならない。

(3) 単位時間にこの気体分子が壁 $S_x$ に与える $x$ 軸方向の力積の大きさを $I_x$ とすると，

$$I_x = i_x \cdot \nu = 2mv_x \cdot \frac{v_x}{2L} = \frac{mv_x{}^2}{L}$$

(4) $N$ 個の気体分子が単位時間に壁 $S_x$ に与える $x$ 軸方向の力積の総和が，壁 $S_x$ におよぼす力を与える。よって，$N$ 個の気体分子が単位時間に壁 $S_x$ におよぼす力を $F$ とすると，

$$F = N \cdot \overline{I_x} = N\frac{\overline{mv_x{}^2}}{L} = \frac{Nm\overline{v_x{}^2}}{L}$$

ここで，速度の $y$ 軸方向成分，$z$ 軸方向成分の大きさを $v_y$，$v_z$ とすると，分子運動の等方性より，

$$\overline{v_x{}^2} = \overline{v_y{}^2} = \overline{v_z{}^2}$$

となる。よって，

$$\overline{v^2} = \overline{v_x{}^2} + \overline{v_y{}^2} + \overline{v_z{}^2} = 3\overline{v_x{}^2} \qquad より \qquad \overline{v_x{}^2} = \frac{\overline{v^2}}{3}$$

これより，

$$F = \frac{Nm\overline{v^2}}{3L}$$

となる。

(5) (4)より容器内の気体分子の圧力を $P$ とすると，

$$P = \frac{F}{L^2} = \frac{Nm\overline{v^2}}{3L^3}$$

容器内の気体の物質量は $\frac{N}{N_A}$ であるから，状態方程式は

$$PL^3 = \frac{N}{N_A}RT$$

となる。上の式と比べて，

$$\frac{Nm\overline{v^2}}{3} = \frac{N}{N_A}RT \qquad \text{ゆえに} \qquad \frac{N}{2}m\overline{v^2} = \frac{3N}{2N_A}RT$$

となる。

(6) 容器のすべての壁は熱を通さないことから，この気体の混合で内部エネルギーの和は一定となる。よって，一様な状態での気体の温度を $T'$ とすると，

$$\frac{N}{N_A} \cdot \frac{3}{2}R \cdot T + \frac{2N}{N_A} \cdot \frac{3}{2}R \cdot 3T = \left(\frac{N}{N_A} + \frac{2N}{N_A}\right)\frac{3}{2}R \cdot T'$$

すなわち，

$$T' = \frac{7}{3}T$$

---

**POINT** 断熱的混合 ─────

断熱容器をつないで気体を混合するとき，全体の体積が変化せず気体の仕事が 0 であれば，気体の内部エネルギーの和は一定となる。

---

(7) 一様な状態での容器内の気体の圧力を $P'$ として状態方程式を立てると，

$$P'(L^3 + 2L^3) = \left(\frac{N}{N_A} + \frac{2N}{N_A}\right)R \cdot T'$$

(6)の結果を用いて整理すると，

$$P' = \frac{NRT'}{N_AL^3} = \frac{7NRT}{3N_AL^3}$$

## 12 シリンダー内の気体の状態変化

(1) $\dfrac{nRT_1}{SL}$   (2) $\dfrac{Q_1}{n(T_1-T_0)}$   (3) $\left(\dfrac{T_1}{T_0}-1\right)L$

(4) $Q_2=Q_1+\left(\dfrac{T_1}{T_0}-1\right)p_0SL$   (5) 解説参照

### 解答 へのアプローチ

気体の状態変化に関する問題では、定積変化、定圧変化、等温変化、断熱変化など変化の特徴をとらえて関係式を立てればよい。本問題で示した

$$C_p = C_V + R$$

はマイヤーの関係とよばれる。

**圧力 $p$，体積 $V$，絶対温度 $T$ の関係式**

一定質量の気体に関して，

等温変化では，ボイルの法則：$pV = p'V'$

定圧変化では，シャルルの法則：$\dfrac{V}{T} = \dfrac{V'}{T'}$

まとめて，ボイルシャルルの法則：$\dfrac{pV}{T} = \dfrac{p'V'}{T'}$

物質量 $n$ の気体では，気体定数を $R$ として，

状態方程式：$pV = nRT$

### 解説

(1) 理想気体の状態方程式を立てて，

$$p_1SL = nRT_1 \quad \text{ゆえに} \quad p_1 = \dfrac{nRT_1}{SL}$$

(2) 温度が $T_0$ から $T_1$ の変化は定積変化であるから，

$$Q_1 = nC_V(T_1 - T_0) \quad \text{ゆえに} \quad C_V = \dfrac{Q_1}{n(T_1 - T_0)}$$

---

**POINT** 定積変化

この変化の過程で仕事は **0** なので，吸収熱量と内部エネルギーの変化は等しくなり，これらは「物質量×定積モル比熱×温度変化」で与えられる。

---

(3) 定圧変化するから，シャルルの法則より，

$$\dfrac{SL}{T_0} = \dfrac{S(L+\varDelta x)}{T_1} \quad \text{ゆえに} \quad \varDelta x = \left(\dfrac{T_1}{T_0}-1\right)L$$

(4) この変化の過程で内部エネルギーの変化を $\varDelta U$ とすると，

$$\varDelta U = nC_V(T_1 - T_0) = Q_1$$

また，この変化の過程で気体がした仕事を $W$ とすると，

$$W = p_0S\varDelta x = p_0S\left(\dfrac{T_1}{T_0}-1\right)L$$

よって，熱力学第 1 法則より，

$$Q_2 = \Delta U + W = Q_1 + \left(\frac{T_1}{T_0} - 1\right) p_0 SL$$

(5) 初期状態の理想気体の状態方程式

$$p_0 SL = nRT_0$$

を用いて，$Q_2$ を $n$，$C_V$，$R$，$T_0$，$T_1$ で表すと，

$$Q_2 = nC_V(T_1 - T_0) + \left(\frac{T_1}{T_0} - 1\right)nRT_0 = n(C_V + R)(T_1 - T_0)$$

一方，定圧変化であるから，

$$Q_2 = nC_p(T_1 - T_0)$$

以上2式より，

$$C_p = C_V + R$$

の関係が成り立つ。

## 13 熱サイクル

(1) $\dfrac{3}{2}nR(T_2-T_1)$　　(2) $nR(T_2-T_1)$　　(3) $\dfrac{5}{2}nR(T_2-T_1)$　　(4) (e)

(5) $\dfrac{3}{2}nR(T_1-T_3)$　　(6) (b)

### 解答 へのアプローチ

単原子分子理想気体では定積モル比熱は $\dfrac{3}{2}R$ となる。また，求めた物理量の文字が与えられていないなどの場合，別の物理量の文字に変えるには理想気体の状態方程式を活用する。

**熱力学第1法則**

気体が吸収した熱量を $Q_{in}$，内部エネルギーの変化を $\varDelta U$，気体が外部にした仕事を $W_{out}$ とすると，熱力学第1法則は，

$$Q_{in}=\varDelta U + W_{out}$$

気体が外部からされた仕事を $W_{in}$ とすると，

$$Q_{in}+W_{in}=\varDelta U$$

と表される。もちろん，$W_{in}=-W_{out}$ である。

### 解説 ...................................................................

(1)　状態変化A→Bでの内部エネルギーの増加量(変化量)を $\varDelta U_{AB}$ とすると，

$$\varDelta U_{AB}=\dfrac{3}{2}nR(T_2-T_1)$$

(2)　状態Aの気体の圧力を $p_A$，状態 A，B の気体の体積を $V_A$，$V_B$ とし，状態変化A→Bで気体が外部にした仕事を $W_{AB}$ とすると，

$$W_{AB}=p_A(V_B-V_A)$$

ここで，理想気体の状態方程式は，

$$A：p_A V_A=nRT_1$$
$$B：p_A V_B=nRT_2$$

よって，

$$W_{AB}=nR(T_2-T_1)$$

> **POINT** 答に用いる文字を変える
>
> 問題文の文字指定などで答を計算結果とは異なる文字で表すには，理想気体の状態方程式を活用する。

(3)　状態変化A→Bで気体が吸収した熱量を $Q_{AB}$ とすると，熱力学第1法則より(1)，(2)の結果を用いて，

$$Q_{AB}=\varDelta U_{AB}+W_{AB}=\dfrac{5}{2}nR(T_2-T_1)$$

(4)　与えられたグラフより $V_A<V_B$ であるから，(2)より $W_{AB}>0$ となり，$T_1<T_2$ とわかる。また，状態 C，D の気体の圧力を $p_C$，$p_D$ とすると，与えられたグラフより $p_C>p_D$ で

ある。

一方，状態変化C→Dは定積変化であるから，状態Cの体積を $V_C$ として，

$$\frac{p_C V_C}{T_2} = \frac{p_D V_C}{T_3}$$

となる。よって，

$$\frac{T_3}{T_2} = \frac{p_D}{p_C} < 1 \qquad \text{すなわち} \qquad T_3 < T_2$$

とわかる。

さらに，状態変化D→Aは断熱変化であるから，状態変化D→Aで気体が外部にした仕事を $W_{DA}$ とすると，熱力学第1法則より，

$$0 = n\frac{3}{2}R(T_1 - T_3) + W_{DA}$$

となる。ここで，与えられたグラフより状態変化D→Aで気体の体積は減少しているので $W_{DA} < 0$ であり，

$$n\frac{3}{2}R(T_1 - T_3) = -W_{DA} > 0 \qquad \text{より} \qquad T_1 > T_3$$

とわかる。

以上より，

$$T_3 < T_1 < T_2 \quad ((e))$$

(5) (4)の解説より，状態変化D→Aで気体が外部からされた仕事 $-W_{DA}$ は，

$$-W_{DA} = \frac{3}{2}nR(T_1 - T_3)$$

(6) 1サイクルして状態Aに戻ると，気体の温度変化は0であるから，1サイクルでの内部エネルギーの変化 $\Delta U_{cycle} = 0$ となる。よって，1サイクルで気体が吸収した正味の熱量を $Q_{cycle}$，1サイクルで気体が外部にした正味の仕事を $W_{cycle}$ とすると，熱力学第1法則より，

$$Q_{cycle} = \Delta U_{cycle} + W_{cycle} = W_{cycle}$$

一方，1サイクルで気体が外部にした正味の仕事 $W_{cycle}$ はグラフの囲む面積で与えられるから，$Q_{cycle}$ もグラフの囲む面積で表される。((b))

第 **3** 章 | 波動

## 14 波のグラフ，弦の振動

**問1** (1) ④ (2) 0.10 m (3) 0.20 m/s (4) ① (5) 左下図
**問2** (1) 440 Hz (2) ⑤ (3) 0.25 m (4) 110 m/s (5) 147 m/s
(6) 2 個 (7) 右下図 (8) ⑥

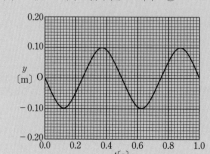

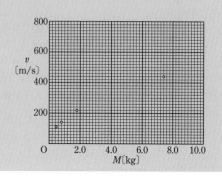

### 解答 へのアプローチ

**問1** 波のグラフには，位置 $x$ と変位 $y$ のグラフ（$y$-$x$ グラフ）と時刻 $t$ と変位 $y$ のグラフ（$y$-$t$ グラフ）がある。$y$-$x$ グラフは，ある瞬間の波形を表すグラフで「写真」のようなものである。$y$-$t$ グラフは，ある位置の変位の時間変化を表すグラフで「位置を固定した動画」のようなものである。

**波の基本式**

波の伝わる速さ $v$〔m/s〕，振動数 $f$〔Hz〕，波長 $\lambda$〔m〕，および周期 $T$〔s〕の間には，

$$v = f\lambda = \frac{\lambda}{T}$$

の関係がある。これを公式として丸暗記するのではなく，

伝わる速さ $v$：1 s 間に出る（通過する，受ける）波の長さ
波長：波 1 個の長さ
振動数：1 s 間に出る（通過する，受ける）波の個数
周期：波 1 個出る（通過する，受ける）時間

と具体的に考えてみるとよい。なお，「出る」は波源の立場，「通過する」は波が通過する位置の立場，「受ける」は観測者の立場での表現である。

**問2** 弦が共振して定常波が生じているとき，固有振動数で振動している。通常の弦では両端が定常波の節となるので，弦にできる腹の個数は自然数となる。定常波の波長を $\lambda$ とすると節と節の間隔は $\dfrac{\lambda}{2}$ であるから，弦の振動部分の長さは $\dfrac{\lambda}{2} \times n$（$n$ は自然数）となる。

また，弦を伝わる波の速さ $v$ は，弦の線密度 $\rho$ と張力 $S$ により

$$v = \sqrt{\frac{S}{\rho}}$$

となる。

**解説**

問1 (1) 図1は，一端Aを振動させて生じ
た正弦波であるから，$x$軸の正の向きに伝
わる。よって，図1の瞬間から少し時間が
経って$x$軸の正の向きに少し移動したグラ
フを描くと右図の破線のようになる。実線
の波形が破線の波形になるので，右図に矢
印で示したように，Bの位置では$y$軸の負
の向き（④）に運動する。

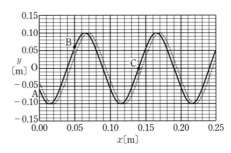

**別解》** 波は波形が平行移動するので，Bの位置にこれから来る
変位を見る。すなわち，Bから図の左側を見ると，変位$y$は減
少していくことがわかる。ゆえに，Bの位置では$y$軸の負の向
きに運動する。

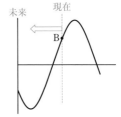

(2) 波長は同じ振動状態となる位置の間隔を図1から読み取ればよ
い。同じ振動状態とは図1の瞬間に同じ変位であるだけではなく，
運動の向きも同じになることである。位置Aと同じ振動状態の位
置は $x=0.10$ m，$x=0.20$ m である。よって，波の波長を$\lambda$とす
ると，間隔を考えて

$\lambda=0.10$ m

**POINT** $y$-$x$ グラフ

ある瞬間の波形を表しており，同じ振動状態となる位置の間隔が波長。

(3) 一端Aを1s間に2回振動させたことから，振動数 $f=2$ Hz である。振動数は1s間
に出す波の個数と考えられ，波1個の長さが波長であるから，波の進む速さを$v$とすると，

$v=f\lambda=2\times0.10=0.20$ m/s

(4) 図1から2.5s後には波は

$v\times2.5=0.20\times2.5=0.50$ m

進んでいる。よって，図1のグラフを0.50mだけ右方に平行移動させればよい。ここで，
$\lambda=0.10$ m であるから5$\lambda$分平行移動させることになるが，波は$\lambda$移動する毎に元の波形
と重なるので5$\lambda$分平行移動させても図1の波形と変わらない。よって，①が正解。

**別解》** 一端Aを1s間に2回振動させたことからこの波の周期 $T=0.50$ s である。よ
って，2.5sは5$T$となる。波は周期$T$毎に同じ波形となるから，2.5s後のひもの変位
は図1と同じになる。

(5) Cの位置では図1で示された時刻 $t=0$ で変位 $y=0$ であり，(1)の解説の図からわかる
ように，その後まず負に変位する。よって，周期 $T=0.50$ s であることに注意して，答の
グラフを得る。

問2 (1) 弦の振動数はおんさの振動数と等しく440Hzであり，これが空気に伝わり音と
なるので，音の振動数も 440Hz である。

(2) 弦に定常波が生じる現象を共振（⑤）という。

(3) 腹が4個の定常波が生じたことから，定常波の波長を $\lambda'$ とすると，

$$0.50 = \frac{\lambda'}{2} \times 4$$

ゆえに，

$$\lambda' = 0.25 \text{ m}$$

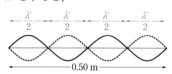

— POINT 弦の振動 —

定常波ができているとき，弦の長さは「$\frac{1}{2}$ 波長の腹の数倍」となる。

(4) 弦を伝わる波の速さを $v$ とすると，

$$v = 440\lambda = 440 \times 0.25 = 110 \text{ m/s}$$

(5) おもりの質量を増加させると，弦を伝わる波の速さが大きくなる。弦の振動数は 440 Hz で変わらないことから，波長が長くなることがわかる。腹が4個の状態から波長が長くなったので腹が3個になったことがわかる。すなわち，波長は $\frac{4}{3}$ 倍となる。よって，弦を伝わる波の速さも $\frac{4}{3}$ 倍となるから，

$$110 \times \frac{4}{3} \fallingdotseq 147 \text{ m/s}$$

— POINT 変化を考える問題 —

変化した状態を考えるときには，変化しないものに着目する。

別解 ≫ 弦の張力はおもりが受ける重力に等しいから，おもりの質量が 0.80 kg となり $\frac{0.80}{0.45}$ 倍となると弦の張力は

$$\sqrt{\frac{0.80}{0.45}} = \sqrt{\frac{16.0}{9.0}} = \frac{4}{3} \text{ 倍}$$

となり，線密度は変わらないことから弦を伝わる波の速さも $\frac{4}{3}$ 倍となる。よって，

$$110 \times \frac{4}{3} \fallingdotseq 147 \text{ m/s}$$

(6) (5)の状態からさらにおもりの質量を増加させたことから，次に大きな音がするときの腹の数は2個である。

別解 ≫ おもりの質量が 1.80 kg となり $\frac{1.80}{0.45} = 4.0$ 倍となると弦の張力は $\sqrt{4.0} = 2.0$ 倍となり，線密度は変わらないことから弦を伝わる波の速さも 2.0 倍となる。弦の振動数は 440 Hz で変わらないことから，波長も 2.0 倍となる。すなわち，腹の数は4個から2個になる。

(7) これまで見てきたように，

$$M = 0.45 \text{ kg のとき} \quad v = 110 \text{ m/s}$$

$$M = 0.80 \text{ kg のとき} \quad v = 147 \text{ m/s}$$

$M = 1.80 \text{ kg}$ のとき $v = 220 \text{ m/s}$

となり，

$M = 7.20 \text{ kg}$ のとき $v = 440 \text{ m/s}$

となる。これより方眼紙に○印で示すと答のグラフを得る。

(8) (7)のグラフを縦軸を $v^2$ としてグラフを
描くと，右図のように直線的に変化するこ
とがわかる。これより，$v^2$ は $M$ に比例す
ることがわかり，定数を $k$ として

$$v^2 = kM$$

と表すことができる。これは

$$v = \sqrt{k}\, M^{\frac{1}{2}}$$

と変形できるから $v$ は $M^{\frac{1}{2}}$ に比例すると
いえて，⑥が最も適当である。

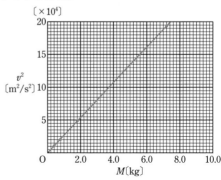

別解≫ 弦の張力 $S = Mg$ となるから，弦
の線密度を $\rho$ として，弦を伝わる波の速さは

$$v = \sqrt{\frac{Mg}{\rho}}$$

となる。よって，

$$v \propto M^{\frac{1}{2}}$$

の関係がある。

第3章

波動

## 15 気柱の共鳴

(1) $2(L_2-L_1)$ [m]　(2) $\dfrac{1}{2}(L_2-3L_1)$ [m]　(3) $2f(L_2-L_1)$ [m/s]

(4) $\dfrac{5}{3}f$ [Hz]　(5) (あ) (d), (い) (b)

### 解答へのアプローチ

　弦や気柱に定常波ができる共振（共鳴）状態にあるとき，弦の固定端と気柱の閉口端は定常波の節に，弦の自由端と気柱の開口端は定常波の腹となる。逆にいえば，このような条件が満たされるときにだけ定常波ができる。なお，一般に弦は両端が固定されているので両端が節となる。

### 解説

(1)　ピストンの位置には必ず定常波の節ができるので，音波の波長（定常波の波長）を $\lambda$ とすると，気柱の長さが $\dfrac{\lambda}{2}$ 変化する毎に共鳴する。よって，

$$\dfrac{\lambda}{2}=L_2-L_1$$

ゆえに，

$$\lambda=2(L_2-L_1)\,\text{[m]}$$

> **POINT** 気柱の長さを変えて共鳴させるとき
>
> 気柱の長さを変えるとき，共鳴位置の間隔は $\dfrac{1}{2}$ 波長となる。

(2)　(1)の解説の上の図を参照して，

$$\dfrac{\lambda}{4}=L_1+\varDelta x$$

よって，

$$\varDelta x=\dfrac{\lambda}{4}-L_1=\dfrac{1}{2}(L_2-L_1)-L_1=\dfrac{1}{2}(L_2-3L_1)\,\text{[m]}$$

(3)　ガラス管内での音速を $V_1$ とすると，

$$V_1=f\lambda=2f(L_2-L_1)\,\text{[m/s]}$$

(4)　ピストンを $x=L_2$ の位置に固定するとき，振動数 $f$ は3倍振動に相当する。したがって，基本振動数は $\dfrac{f}{3}$ となる。

閉管では奇数倍振動のみが可能であるから，振動数を上げていって次に共鳴するのは5倍振動となるから，

$$f'=5\times\dfrac{f}{3}=\dfrac{5}{3}f\,\text{[Hz]}$$

> **POINT** 気柱の長さ一定で振動数を変えるとき
> 波形を参考に倍振動を考える。基本振動の波形の個数が $n$ のとき，$n$ 倍振動となる。

(5) 気温が $20\,^\circ\mathrm{C}$ のときの音速を $V_1\,\mathrm{[m/s]}$ とする。ピストンの位置が $x=L_2$ のままであるから，音源の振動数を $f'$ からわずかにずらしても共鳴しているときの波長は $\dfrac{V_1}{f'}$ で変わらない。気温が $20\,^\circ\mathrm{C}$ から $10\,^\circ\mathrm{C}$ に下がるとき音速は，問題に与えられた $V=331.5+0.6t$ の関係より，

$$0.6\times(20-10)=6\ \mathrm{m/s}$$

だけ遅くなる。このとき振動数が $\mathit{\Delta}f$ 変化するとして，波長が変わらないことを表す式は，

$$\frac{V_1}{f'}=\frac{V_1-6}{f'+\mathit{\Delta}f}$$

よって，

$$\frac{f'+\mathit{\Delta}f}{f'}=\frac{V_1-6}{V_1}\qquad \text{すなわち}\qquad \mathit{\Delta}f=\frac{-6}{V_1}f'$$

ゆえに，

$$\frac{\mathit{\Delta}f}{f'}\times100=-\frac{6}{V_1}\times100=-\frac{6}{331.5+0.6\times20}\times100\fallingdotseq-1.7\,\%$$

すなわち，振動数を $f'$ より約 $2\,\%$ だけ**小さく**すればよい（(あ) (d)，(い) (b)）。

## 16 ドップラー効果

(1) (b)　(2) (a)　(3) (d)　(4) (i)　(5) (b)　(6) (o)　(7) (g)

**解答 へのアプローチ**

　ドップラー効果では，音源から出る波長と観測者に対する音速をおさえることが基本で，応用がきく。さらに，音波の波長は音源から出るとき，反射されるとき以外の伝わっているときには変化しないことを用いる。

**ドップラー効果の公式の組み立て方**

　ドップラー変化は，「波長」と「音波の相対速度」に着目して考えて行けばどのような問題にも対応できる。しかし，苦手意識のある場合や考えたくないときには公式を用いれば楽に答えが出る。以下に公式を組み立てる手順を記す。

① 状況を図示する

　音源の振動数 $f_0$，観測振動数 $f$，それぞれの音源の速度 $v_S$，観測者の速度 $v_0$，そして音速 $V$ を図1のように書き込む。

② フォーマットをつくる

　観測者から音源に向かう向きに太矢印を描き，公式を組み立てるフォーマット（下向きの太矢印，短い棒，＝，長い棒）を書く。次に，図2のように，音源，観測者の速度 $v_S$，$v_0$ が太矢印と同じ向きのとき＋を，逆向きのとき－を各速度につける。

③ フォーマットを埋める

　まず太矢印の向きを見て，図3のように，左側の短い棒の上に観測振動数 $f$，下に音源の振動数 $f_0$ を書く，次に長い棒の上下に音速 $V$ を書く，最後に音源，観測者の速度を②でつけた符号をセットにして，矢印の根元にある観測者の速度は長い棒の上に，矢印の先にある音源の速度は長い棒の下に書く。

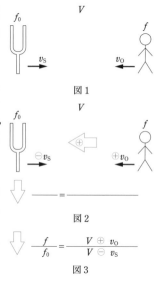

図1

図2

図3

**解説** ..................................................................

(1) 音源から図の左方に出る音波の波長を $\lambda_L$ とすると，

$$\lambda_L = \frac{V+v}{f}$$

であるから，観測者へ届く音波の振動数を $f_1$ とすると，観測者は静止しているので音速は $V$ として，

$$f_1 = \frac{V}{\lambda_L} = \frac{V}{V+v} \times f \quad ((b))$$

┌─ **POINT** ドップラー効果 ─────────

音波を出すとき波長を考え，音を受けるとき観測者に対する音速を考える。
└──────────────────────────────

**別解》** 波長が等しいことから立式することもできる。

観測者へ届く音波の振動数を $f_1$ とすると，音波の波長は $\dfrac{V}{f_1}$ となるから，

$$\frac{V+v}{f}=\frac{V}{f_1} \qquad \text{よって} \qquad f_1=\frac{V}{V+v}f$$

(2) 音源から図の右方に出る音波の波長を $\lambda_R$ とすると，

$$\lambda_R=\frac{V-v}{f}$$

であり，これは静止している板で反射しても変わらないから，観測者へ届く音波の振動数を $f_2$ とすると，観測者は静止しているので音速を $V$ として，

$$f_2=\frac{V}{\lambda_R}=\frac{V}{V-v}\times f \quad ((a))$$

**別解》** 波長が等しいことから，

$$\frac{V-v}{f}=\frac{V}{f_2} \qquad \text{ゆえに} \qquad f_2=\frac{V}{V-v}f$$

(3) うなりの周期を $T$ とすると，振動数 $f_1$ と $f_2$ の音波の数の差が1になる時間であるから，$|f_1T-f_2T|=1$ より，

$$T=\frac{1}{|f_1-f_2|}=\frac{1}{\left|\dfrac{V}{V+v}f-\dfrac{V}{V-v}f\right|}=\frac{V^2-v^2}{2Vv}\times\frac{1}{f} \quad ((d))$$

(4) 音源から図の右方に出る音波の波長は

$$\lambda_R{}'=\frac{V}{f}$$

である。板へ届く音波の振動数を $f_3$ とすると，板は音波に速さ $v$ で近づくので，板に対する音速は $V+v$ として，

$$f_3=\frac{V+v}{\lambda_R{}'}=\frac{V+v}{V}f$$

板は，図の左方に速さ $v$ で進みながら振動数 $f_3$ の音波を出すと考えられるので，左方に出る音波の波長を $\lambda_L{}'$ とすると，

$$\lambda_L{}'=\frac{V-v}{f_3}=\frac{(V-v)V}{(V+v)f}$$

であるから，観測者へ届く音波の振動数を $f_4$ とすると，観測者は静止しているので音速は $V$ として，

$$f_4=\frac{V}{\lambda_L{}'}=\frac{V+v}{V-v}\times f \quad ((i))$$

**別解》** 波長が等しいことから，まず板に届く音波に関して，

$$\frac{V}{f}=\frac{V+v}{f_3} \qquad \text{ゆえに} \qquad f_3=\frac{V+v}{V}f$$

次に，板で反射されて観測者に届く音波に関して，

$$\frac{V-v}{f_3}=\frac{V}{f_4} \qquad \text{ゆえに} \qquad f_4=\frac{V}{V-v}f_3=\frac{V+v}{V-v}f$$

(5) うなりの周期を $T'$ とすると，振動数 $f$ と $f_4$ の音波の数の差が1になる時間であるから，

$|fT'-f_4T'|=1$ より，

$$T'=\frac{1}{|f-f_4|}=\frac{1}{\left|f-\dfrac{V+v}{V-v}f\right|}=\frac{V-v}{2v}\times\frac{1}{f} \quad ((b))$$

(6) 音源から図の右方に出る音波の波長は

$$\lambda_R''=\frac{V-v}{f}$$

である。板へ届く音波の振動数を $f_5$ とすると，板は音波に速さ $v$ で近づくので，板に対する音速は $V+v$ として，

$$f_5=\frac{V+v}{\lambda_R''}=\frac{V+v}{V-v}f$$

板は，図の左方に速さ $v$ で進みながら振動数 $f_5$ の音波を出すと考えられるので，左方に出る音波の波長を $\lambda_L''$ として，

$$\lambda_L''=\frac{V-v}{f_5}=\frac{(V-v)^2}{(V+v)f}$$

であるから，観測者へ届く音波の振動数を $f_6$ とすると，観測者は静止しているので音速は $V$ として，

$$f_6=\frac{V}{\lambda_L''}=\frac{V(V+v)}{(V-v)^2}\times f \quad ((o))$$

**別解**≫ 波長が等しいことから，まず板に届く音波に関して，

$$\frac{V-v}{f}=\frac{V+v}{f_5} \qquad ゆえに \qquad f_5=\frac{V+v}{V-v}f$$

次に，板で反射されて観測者に届く音波に関して，

$$\frac{V-v}{f_5}=\frac{V}{f_6} \qquad ゆえに \qquad f_6=\frac{V}{V-v}f_5=\frac{V(V+v)}{(V-v)^2}f$$

(7) うなりの周期を $T''$ とすると，振動数 $f_1$ と $f_6$ の音波の数の差が1になる時間であるから，$|f_1T''-f_6T''|=1$ より，

$$T''=\frac{1}{|f_1-f_6|}=\frac{1}{\left|\dfrac{V}{V+v}f-\dfrac{V(V+v)}{(V-v)^2}f\right|}=\frac{(V-v)^2(V+v)}{4V^2v}\times\frac{1}{f} \quad ((g))$$

## 17 光ファイバー

(1) $\dfrac{1}{n_{\mathrm{f}}}\sin\theta_{\mathrm{in}}$   (2) $\sin\theta_0 \geqq \dfrac{n_{\mathrm{c}}}{n_{\mathrm{f}}}$   (3) $\sqrt{n_{\mathrm{f}}{}^2 - n_{\mathrm{c}}{}^2}$   (4) $\dfrac{n_{\mathrm{f}}L}{c}$   (5) $\dfrac{n_{\mathrm{f}}{}^2 L}{n_{\mathrm{c}}c}$

(6) $\left(\dfrac{n_{\mathrm{f}}}{n_{\mathrm{c}}} - 1\right)\dfrac{n_{\mathrm{f}}L}{c}$

### 解答 へのアプローチ

屈折の法則は，右図のように，同じ側の屈折率と角度の正弦 (sin)，光速，波長の積が一定とするとよい。すなわち，

$$n_1\sin\theta_1 = n_2\sin\theta_2$$
$$n_1 c_1 = n_2 c_2$$
$$n_1 \lambda_1 = n_2 \lambda_2$$

を利用する。

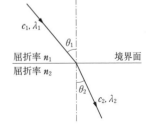

### 全反射

屈折率が $n_2$ と $n_1(<n_2)$ の物質の境界面に，屈折率が $n_2$ の物質側から光が入射するとき，入射角 $i$ を大きくしていくと屈折角 $r$ も大きくなる。入射角 $i_{\mathrm{c}}$ のとき屈折角が $90°$ となる。$i_{\mathrm{c}}$ を**臨界角**という。したがって，入射角 $i$ が $i_{\mathrm{c}}<i$ であれば，光はすべて反射する。これを**全反射**とよぶ。

実際には入射角 $i_{\mathrm{c}}$ のとき屈折角が $90°$ となる光の振る舞いは複雑である。そのため，入試問題の中には本問題のように $i_{\mathrm{c}} \leqq i$ を全反射の条件とするものがある。

### 解説

(1) 屈折の法則より，

$$1\sin\theta_{\mathrm{in}} = n_{\mathrm{f}}\sin\theta_{\mathrm{t}} \qquad \text{よって} \qquad \sin\theta_{\mathrm{t}} = \dfrac{1}{n_{\mathrm{f}}}\sin\theta_{\mathrm{in}}$$

(2) コアとクラッドの境界面での臨界角を $\theta_{\mathrm{c}}$ とすると，

$$n_{\mathrm{f}}\sin\theta_{\mathrm{c}} = n_{\mathrm{c}}\sin\dfrac{\pi}{2} \qquad \text{よって} \qquad \sin\theta_{\mathrm{c}} = \dfrac{n_{\mathrm{c}}}{n_{\mathrm{f}}}$$

全反射が起こるための条件は $\theta_{\mathrm{c}} \leqq \theta_0$，すなわち $\sin\theta_{\mathrm{c}} \leqq \sin\theta_0$ となるから，

$$\sin\theta_0 \geqq \dfrac{n_{\mathrm{c}}}{n_{\mathrm{f}}}$$

### POINT 全反射

臨界角以上の入射角で入射すると光は境界面で全反射する。

（注）厳密には「臨界角より大きな入射角で」となる。よって，(2)は $\sin\theta_0 > \dfrac{n_{\mathrm{c}}}{n_{\mathrm{f}}}$ も正解。

(3) 問題文の図より，$\theta_{\mathrm{t}} + \theta_0 = \dfrac{\pi}{2}$ であるから，(1)より，

$$\sin\theta_{\mathrm{in}} = n_{\mathrm{f}}\sin\theta_{\mathrm{t}} = n_{\mathrm{f}}\sin\left(\dfrac{\pi}{2} - \theta_0\right) = n_{\mathrm{f}}\cos\theta_0 = n_{\mathrm{f}}\sqrt{1 - \sin^2\theta_0}$$

第3章

波動

ここで，(2)の結果より，

$$\sqrt{1-\sin^2\theta_0} \leqq \sqrt{1-\left(\frac{n_c}{n_f}\right)^2}$$

(注)「$\leqq$」の考え方は $\sin^2\theta_0$ を $\left(\frac{n_c}{n_f}\right)^2$ で置き換えると，$\sin\theta_0 \geqq \frac{n_c}{n_f}$ より等しいかより

小さいものを引くので，等しいかより大きくなるとする。式で考えるなら，

$$1 \geqq \sin^2\theta_0 \geqq \left(\frac{n_c}{n_f}\right)^2 > 0$$

$$0 \leqq 1-\sin^2\theta_0 \leqq 1-\left(\frac{n_c}{n_f}\right)^2 < 1$$

ゆえに，

$$\sin\theta_{in} \leqq n_f\sqrt{1-\left(\frac{n_c}{n_f}\right)^2} = \sqrt{n_f{}^2 - n_c{}^2} = \sin\theta_{max}$$

(4) コア中での光の速さは $\dfrac{c}{n_f}$ であるから，

$$t_{min} = \frac{L}{c/n_f} = \frac{n_f L}{c}$$

(5) コア中で光の速度の中心軸方向成分の大きさは $\dfrac{c}{n_f}\cos\theta_t$ であ

り，$\theta_t + \theta_0 = \dfrac{\pi}{2}$ の関係を用いると，

$$\frac{c}{n_f}\cos\left(\frac{\pi}{2} - \theta_0\right) = \frac{c}{n_f}\sin\theta_0$$

となる。いま，光ファイバーへの入射角 $\theta_{in}$ が $\theta_{max}$ のとき，(3)より

$$\sin\theta_0 = \frac{n_c}{n_f}$$

である。よって，コア中で光の速度の中心軸方向成分の大きさは $\dfrac{n_c c}{n_f{}^2}$ となる。よって，

$$t_{max} = \frac{L}{n_c c/n_f{}^2} = \frac{n_f{}^2 L}{n_c c}$$

(6) (4)，(5)より，通過時間の差は，

$$\Delta t = t_{max} - t_{min} = \frac{n_f{}^2 L}{n_c c} - \frac{n_f L}{c} = \left(\frac{n_f}{n_c} - 1\right)\frac{n_f L}{c}$$

## 18 凸レンズによる像

問1 (1) 距離：360 mm，倍率：5.0 倍　(2) 110 mm

問2 焦点距離 15 mm のレンズ，理由は解説参照

### 解答 へのアプローチ

レンズの問題では写像公式と倍率の式の活用がまず重要である。

写像公式：$\dfrac{1}{a}+\dfrac{1}{b}=\dfrac{1}{f}$

$\left(\begin{array}{l}a \text{は光源・レンズ間距離で，} a>0：実光源，a<0：虚光源\\ b \text{はレンズ・像間距離で，} b>0：実像，b<0：虚像\\ f \text{は焦点距離で，} f>0：凸レンズ，f<0：凹レンズ\end{array}\right)$

倍率の式：$m=-\dfrac{b}{a}$

$\left(\begin{array}{l}\text{倍率は} |m| \text{で，} m>0 \text{のとき正立像，} m<0 \text{のとき倒立像}\\ \text{レンズが2枚以上のときには，} n \text{枚目のレンズの光源・レンズ間距離を} a_n，\\ \text{レンズ・像間距離を} b_n \text{として，} m=\left(-\dfrac{b_1}{a_1}\right)\cdot\left(-\dfrac{b_2}{a_2}\right)\cdots\left(-\dfrac{b_n}{a_n}\right)\end{array}\right)$

凸レンズを通る光の進路を考える際には，次の基本光線を考える。

① 光軸に平行にレンズに入射した光線は，レンズ通過後焦点を通って進む。

② 焦点を通ってレンズに入射した光線は，レンズ通過後光軸に平行に進む。

③ レンズの中心に向かって入射した光線は，そのまま直進する。

### 解説

問1 (1) 位置Aから像までの距離を $b$ として，写像公式より，

$\dfrac{1}{60}+\dfrac{1}{b}=\dfrac{1}{50}$　　よって　　$b=300$ mm

したがって，位置Oから像までの距離は，$60+300=360$ mm

また，像の倍率は，$|m|=\left|-\dfrac{300}{60}\right|=5.0$ 倍

(2) 位置Oは位置Bに置いた凸レンズの焦点の位置である。よって，位置Oの光軸上から出たとみなせる光は，位置Bに置いた凸レンズを通過後光軸に平行に進む。したがって，位置Cに置いた凸レンズに光軸に平行な光線が入射するので，位置Cに置いた凸レンズの焦点の位置に像をつくる。以上より，位置Oから像を結ぶ位置までの距離は，

$50+20+40=110$ mm

POINT 光源が焦点にあるとき

光源が凸レンズの焦点にあるとき，レンズ通過後の光線は光軸に平行に進む。

第3章 波動

問 2   点光源から位置 Q までの距離を $a$ とすると，レンズに光源からの光が入射する範囲は，右図のように，$2a\tan\dfrac{25°}{2}$ となる。これがレンズの直径 12 mm 以下であればよいから，

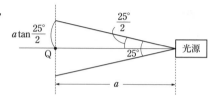

$$2a\tan\frac{25°}{2}=2a\tan12.5°=2a\times0.22\leqq12$$

よって，

$$a\leqq27.3\text{ mm}$$

　一方，位置 Q に置く凸レンズの焦点距離を $f$ とすると，写像公式より，

$$\frac{1}{a}+\frac{1}{35}=\frac{1}{f}$$

以上より，

$$f=\frac{35a}{35+a}=\frac{35}{\dfrac{35}{a}+1}\leqq\frac{35}{\dfrac{35}{27.3}+1}=15.3\text{ mm}$$

すなわち，焦点距離 15 mm のレンズが最も多くの光を集められる。

## 19 複スリットによる干渉

(1) (a) $L_2 + \dfrac{1}{2L_2}\left(z_1 + \dfrac{d}{2}\right)^2$ (b) $L_2 + \dfrac{1}{2L_2}\left(z_1 - \dfrac{d}{2}\right)^2$ (c) $\dfrac{z_1 d}{L_2}$

(2) $5.50 \times 10^{-7}$ m (3) $\left(1 + \dfrac{L_2}{L_1}\right)a$

**解答 へのアプローチ**

　光波の干渉問題では，光を回折や反射と透過などによって分けた後，再び重ねあわせて干渉させる。したがって，どこで光を分けたか，どこで再び重ねあわされたかをおさえ，分けてから重ねあわされるまでの光路差を計算する。なお，レーザー光のように位相のそろった光の場合には，分けた場所ではなく，どこから光路差を生じたかを考える。

**解説** ..........

(1) (a), (b)　下図の2つの直角三角形に着目して，

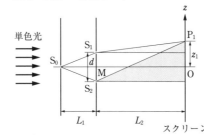

$$S_2P_1 = \sqrt{L_2{}^2 + \left(z_1 + \frac{d}{2}\right)^2} = L_2\sqrt{1 + \left\{\frac{z_1 + (d/2)}{L_2}\right\}^2} = L_2\left[1 + \left\{\frac{z_1 + (d/2)}{L_2}\right\}^2\right]^{\frac{1}{2}}$$

$$S_1P_1 = \sqrt{L_2{}^2 + \left(z_1 - \frac{d}{2}\right)^2} = L_2\sqrt{1 + \left\{\frac{z_1 - (d/2)}{L_2}\right\}^2} = L_2\left[1 + \left\{\frac{z_1 - (d/2)}{L_2}\right\}^2\right]^{\frac{1}{2}}$$

ここで，題意より，

$$d \ll L_2,\ z_1 \ll L_2 \qquad より \qquad \left\{\frac{z_1 - (d/2)}{L_2}\right\}^2 \ll 1,\ \left\{\frac{z_1 + (d/2)}{L_2}\right\}^2 \ll 1$$

となるから，問題文に与えられた近似式を用いて，

$$S_2P_1 \fallingdotseq L_2\left[1 + \frac{1}{2}\left\{\frac{z_1 + (d/2)}{L_2}\right\}^2\right] = L_2 + \frac{1}{2L_2}\left(z_1 + \frac{d}{2}\right)^2$$

$$S_1P_1 \fallingdotseq L_2\left[1 + \frac{1}{2}\left\{\frac{z_1 - (d/2)}{L_2}\right\}^2\right] = L_2 + \frac{1}{2L_2}\left(z_1 - \frac{d}{2}\right)^2$$

(c) (a), (b)より，

$$|S_2P_1 - S_1P_1| = \left|L_2 + \frac{1}{2L_2}\left(z_1 + \frac{d}{2}\right)^2 - L_2 - \frac{1}{2L_2}\left(z_1 - \frac{d}{2}\right)^2\right| = \frac{z_1 d}{L_2}$$

**POINT 光波の干渉**

光路差は小さいので，光路差の計算では微小量の近似が重要。

(2) (1)より，明線条件，すなわち強めあいの条件は

$$\frac{z_1 d}{L_2} = m\lambda$$

となるから、明線の位置は

$$z_1 = \frac{mL_2\lambda}{d}$$

となる。これより、明線の間隔 $\Delta z$ は、

$$\Delta z = \frac{(m+1)L_2\lambda}{d} - \frac{mL_2\lambda}{d} = \frac{L_2\lambda}{d}$$

よって、与えられた数値を用いて波長 $\lambda$ を求めると、

$$\lambda = \frac{d\Delta z}{L_2} = \frac{2.00 \times 10^{-4} \times 3.30 \times 10^{-3}}{1.20} = 5.50 \times 10^{-7}\,(\text{m})$$

(3) 下図のように、複スリット $S_1'$, $S_2'$ の設置面の左右の直角三角形を2つずつ考え、与えられた近似式を用いる。まず、設置面の右側の直角三角形に着目して、

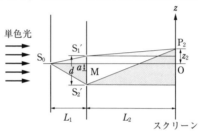

$$S_2'P_2 = \sqrt{L_2{}^2 + \left(z_2 + \frac{d}{2} + a\right)^2} \fallingdotseq L_2 + \frac{1}{2L_2}\left(z_2 + \frac{d}{2} + a\right)^2$$

$$S_1'P_2 = \sqrt{L_2{}^2 + \left(z_2 - \frac{d}{2} + a\right)^2} \fallingdotseq L_2 + \frac{1}{2L_2}\left(z_2 - \frac{d}{2} + a\right)^2$$

この結果は、$S_2P_1$ の式で $z_1 + \frac{d}{2} \rightarrow z_2 + \frac{d}{2} + a$ とし、$S_1P_1$ の式で $z_1 - \frac{d}{2} \rightarrow z_2 - \frac{d}{2} + a$ としたものになっている。このように、何が何に変わるかに着目すると、計算量が少なくなりミスも防ぐことができる。

次に、設置面の左側の2つの直角三角形を考える。

$$S_0S_2' = \sqrt{L_1{}^2 + \left(\frac{d}{2} + a\right)^2} \fallingdotseq L_1 + \frac{1}{2L_1}\left(\frac{d}{2} + a\right)^2$$

$$S_0S_1' = \sqrt{L_1{}^2 + \left(\frac{d}{2} - a\right)^2} \fallingdotseq L_1 + \frac{1}{2L_1}\left(\frac{d}{2} - a\right)^2$$

題意より点 $P_1$ にできていた $m$ 次の明線が点 $P_2$ にできるから、強めあいの条件は、

$$|(S_0S_2' + S_2'P_2) - (S_0S_1' + S_1'P_2)| = \frac{ad}{L_1} + \frac{(z_2 + a)d}{L_2} = m\lambda$$

ゆえに、

$$\frac{z_1 d}{L_2} = \frac{ad}{L_1} + \frac{(z_2 + a)d}{L_2}$$

したがって、

$$|z_2 - z_1| = \left(1 + \frac{L_2}{L_1}\right)a$$

## 20 平行薄膜による干渉

(1) $\dfrac{\lambda}{n_2}$　　(2) $\dfrac{A_1A_2}{B_1B_2}=n_2\left(\text{または, }\dfrac{A_1A_2}{B_1B_2}=\dfrac{\sin i}{\sin r}\right)$　　(3) $2d\sqrt{n_2{}^2-\sin^2 i}=m\lambda$

(4) $2.0\times10^2$ nm　　(5) $1.6\times10^3$ nm

### 解答 へのアプローチ

**反射による位相の変化**

　屈折率が $n_1$ の物質側から, 屈折率が $n_2$ の物質に進む境界
面で反射するとき,

$n_1<n_2$ なら位相が $\pi$(半波長分) 変化し,

$n_1>n_2$ なら位相は変化しない

### 解説

(1) 薄膜中を進む光の波長を $\lambda'$ とすると, 屈折の法則より,

$$1\cdot\lambda=n_2\lambda'\qquad\text{よって}\qquad\lambda'=\dfrac{\lambda}{n_2}$$

(2) $A_1$ と $B_1$ および $A_2$ と $B_2$ は同位相であるから, $A_1A_2$ と $B_1B_2$ には同じ数の波が入る。
よって,

$$\dfrac{A_1A_2}{\lambda}=\dfrac{B_1B_2}{\lambda'}\qquad\text{より}\qquad\dfrac{A_1A_2}{B_1B_2}=\dfrac{\lambda}{\lambda'}=n_2$$

**別解》** 下図を参照して, 三角形 $B_1CC'$ に着目すると $B_1C'=d\tan r$ であるから,
$B_1A_2=2B_1C'=2d\tan r$ となる。

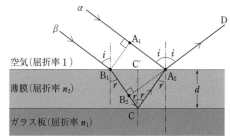

これより,

$$A_1A_2=B_1A_2\sin i=2d\tan r\sin i$$
$$B_1B_2=B_1A_2\sin r=2d\tan r\sin r$$

よって,

$$\dfrac{A_1A_2}{B_1B_2}=\dfrac{\sin i}{\sin r}$$

なお, 屈折の法則 $1\cdot\sin i=n_2\sin r$ を用いると, 上の答と同じになる。

(3) $A_2$ と $B_2$ は同位相であるから, 点Dに到達した光 $\alpha$ と光 $\beta$ の光路差を $\varDelta$ とすると,

$$\varDelta=n_2(B_2C+CA_2)=n_2\{(B_1C-B_1B_2)+CA_2\}$$
$$=n_2\left(\dfrac{d}{\cos r}-2d\tan r\sin r+\dfrac{d}{\cos r}\right)$$

$$= \frac{2n_2d}{\cos r}(1-\sin^2 r) = \frac{2n_2d}{\cos r}\cos^2 r = 2n_2d\cos r$$

よって，強めあいの条件は，光 $\alpha$ の $A_2$ での反射，光 $\beta$ の C での反射で共に位相が $\pi$ 変化することを考慮して，

$$2n_2d\cos r = m\lambda$$

解答の文字指定より，屈折の法則 $1 \cdot \sin i = n_2 \sin r$ を用いて，

$$2n_2d\sqrt{1-\left(\frac{\sin i}{n_2}\right)^2} = 2d\sqrt{n_2{}^2 - \sin^2 i} = m\lambda$$

**別解** 右図のように，$A_2$ における境界面の垂線と $B_1C$ を延長した線の交点を $C''$ とすると，三角形 $CA_2C''$ は 2 等辺三角形になるので

$$CA_2 = CC''$$

となるから，光路差 $\varDelta$ は，

$$\varDelta = n_2B_2C'' = n_2 \cdot 2d\cos r$$

と求められる。

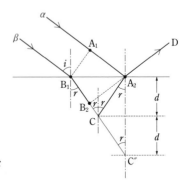

(4) (3)の結果で $i=0$ とし，最も薄い膜を考えるので $m=1$ とし，$d \to d_1$，$\lambda \to \lambda_0$ とすると $2n_2d_1 = \lambda_0$ となるから，与えられた数値を代入して，

$$d_1 = \frac{\lambda_0}{2n_2} = \frac{560}{2 \times 1.4} = 2.0 \times 10^2 \,\text{nm}$$

(5) 光路差が $\lambda_0$ 大きくなるごとに強めあう。よって，9 回目に強めあうとき光路差は $8\lambda_0$ 大きくなって $9\lambda_0$ となっている。ゆえに，

$$d_9 = \frac{9\lambda_0}{2n_2} = \frac{9 \times 560}{2 \times 1.4} = 1.8 \times 10^3 \,\text{nm}$$

これより，

$$d_9 - d_1 = 1.8 \times 10^3 - 2.0 \times 10^2 = 1.6 \times 10^3 \,\text{nm}$$

## 21 くさび形空気層による干渉

(1) 光の速さ：$\dfrac{c}{n}$, 波長：$\dfrac{\lambda}{n}$    (2) $\dfrac{L\lambda}{2b}$    (3) $\left(M+\dfrac{3}{4}\right)\dfrac{\lambda}{2}$    (4) $\dfrac{3}{8}(N+1)\lambda$

(5) $4.5 \times 10^{-7}$ m

### 解答 へのアプローチ

くさび形空気層による干渉とニュートンリングでは

① 1本の干渉縞は空気層の厚さが等しいところを表している

② 隣りあう暗線（あるいは隣りあう明線）の位置では，空気層の厚さが $\dfrac{\lambda}{2}$ 異なる

を用いて考えていくと簡単になる。

### 解説

(1) ガラス中での光の速さと波長をそれぞれ $c'$, $\lambda'$ とすると，屈折の法則より，

$$1.0 \cdot c = n \cdot c' \quad よって \quad c' = \frac{c}{n}$$

$$1.0 \cdot \lambda = n \cdot \lambda' \quad よって \quad \lambda' = \frac{\lambda}{n}$$

(2) 平板ガラスAの上面と平板ガラスBの下面とのなす角を $\theta$ とすると，暗線の間隔が $a$ より，右図の三角形を参照して，

$$\tan\theta = \frac{\lambda/2}{a} = \frac{\lambda}{2a}$$

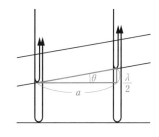

一方，空気層がなす直角三角形について，

$$\tan\theta = \frac{b}{L}$$

以上 2 式より，

$$\frac{\lambda}{2a} = \frac{b}{L} \quad ゆえに \quad a = \frac{L\lambda}{2b}$$

**別解 ≫** 平板ガラスAの左端から距離 $x$ の位置に $m$ 次の暗線ができたとすると，この位置での空気層の厚さは $x\tan\theta$ となり，平板ガラスBの下面で反射した光と平板ガラスAの上面で反射した光が弱めあうから，光路差は $2x\tan\theta$ となる。平板ガラスBの下面での反射では位相は変化しないが，平板ガラスAの上面での反射では位相が $\pi$ （半波長分）変化することを考慮すると，暗線条件，すなわち弱めあいの条件は，

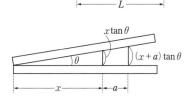

$$2x\tan\theta = m\lambda$$

暗線の間隔が $a$ より，距離 $x+a$ の位置に $m+1$ 次の暗線ができる。すなわち，

$$2(x+a)\tan\theta = (m+1)\lambda$$

以上 2 式より，

$$2a\tan\theta = \lambda$$

ここで，空気層がなす直角三角形について $\tan\theta = \dfrac{b}{L}$ の関係があるから，

$$a = \frac{\lambda}{2\tan\theta} = \frac{L\lambda}{2b}$$

(3) 干渉縞は空気層の厚さが等しいところにできるから，溝があると平板ガラスの間隔の小さくなる左方に移動する。よって，一番溝が浅いとき，$\dfrac{3}{4}a$ だけ離れた位置の平板ガラスの間隔の変化が溝の深さに等しい。一般には，$\dfrac{3}{4}a + Ma$ だけ離れた位置の平板ガラスの間隔の変化が溝の深さに等しい。よって，

$$d = \left(\frac{3}{4} + M\right)a\tan\theta = \left(M + \frac{3}{4}\right)\frac{\lambda}{2}$$

> ┌ **POINT** 干渉縞は「等厚線」 ──────────────
> **1本の干渉縞は空気層の厚さが同じところを表している。**

(4) 干渉縞のずれがなくなったことから，溝の深さが最小のとき，溝の無いところと比べて1本分 $\dfrac{3}{4}a$ だけ左方に移動している。一般に，整数 $N (N=0,\ 1,\ 2,\ \cdots\cdots)$ を用いて $(N+1)\dfrac{3}{4}a$ だけ左方に移動している。よって，

$$d = (N+1)\frac{3}{4}a\tan\theta = \frac{3}{4}(N+1)\frac{L\lambda}{2b}\frac{b}{L} = \frac{3}{8}(N+1)\lambda$$

(5) 2番目に浅い値であるから，(4)の結果で $N=1$ とし，(2)より $a = \dfrac{L\lambda}{2b}$ を用いて $\lambda$ を消去して，

$$d = \frac{3}{8}(1+1)\frac{2ab}{L} = \frac{3}{2}\frac{1.5\times10^{-3}\times6.0\times10^{-5}}{3.0\times10^{-1}} = 4.5\times10^{-7}\ \mathrm{m}$$

第 **4** 章 │ 電磁気

## 22 電場・電位

(1) $\dfrac{kQ}{4a^2}$ (あ) (エ) (2) $\dfrac{kQ}{2a}$ (3) $\dfrac{2kQ|p|}{(p^2+a^2)^{\frac{3}{2}}}$ (4) $\dfrac{2kQ}{\sqrt{p^2+a^2}}$

(5) $\dfrac{\sqrt{3}\,kQ^2}{4a^2}$ (6) $Q\sqrt{\dfrac{2k}{ma}}$

### 解答 へのアプローチ

#### 点電荷による電場・電位

電気量 $Q$ をもつ点電荷から距離 $r$ の位置につくる電場の強さを $E$，無限遠を基準とした電位を $V$ とすると，

$$E = k\dfrac{Q}{r^2}$$

$$V = k\dfrac{Q}{r}$$

### 解説 ..........

(1), (あ) 点 B に $+1\,\mathrm{C}$ の試験電荷を置く。電場の強さを $E_\mathrm{B}$ とすると，$+1\,\mathrm{C}$ の試験電荷にはたらく力の大きさが $E_\mathrm{B}$ である。AB 間の距離 $\overline{\mathrm{AB}} = 2a$ であるから，クーロンの法則より，

$$E_\mathrm{B} = k\dfrac{Q}{(2a)^2} = \dfrac{kQ}{4a^2}\ \text{〔N/C〕}$$

また，この力の向きは，正電荷間にはたらく力であるから斥力となり，$y$ 軸負方向であるから，電場の向きも $y$ 軸負方向である。すなわち，(エ)が正しい。

(2) 無限遠を基準として点 B における電位を $V_\mathrm{B}$ とすると，点電荷による電位であるから，

$$V_\mathrm{B} = \dfrac{kQ}{2a}\ \text{〔V〕}$$

> **POINT** 電場・電位
>
> 電場は $+1\,\mathrm{C}$ の試験電荷にはたらく力，電位は基準点に対する $+1\,\mathrm{C}$ あたりの電気的位置エネルギー。

(3) 点 P に $+1\,\mathrm{C}$ の試験電荷を置く。ここで，

$$\overline{\mathrm{AP}} = \overline{\mathrm{BP}} = \sqrt{p^2+a^2}$$

であるから，$+1\,\mathrm{C}$ の試験電荷にはたらく力の大きさは等しいので，これを $f$ とすると，

$$f = k\dfrac{Q}{p^2+a^2}$$

点Pの位置につくる電場の強さを $E_P$ とすると，右図を参照して力の合成を考えると，

$$E_P = 2f\cos\theta$$

ただし，

$$\cos\theta = \frac{|p|}{\sqrt{p^2+a^2}}$$

ゆえに，

$$E_P = 2k\frac{Q}{p^2+a^2}\frac{|p|}{\sqrt{p^2+a^2}} = \frac{2kQ|p|}{(p^2+a^2)^{\frac{3}{2}}} \;\text{(N/C)}$$

(4) 点Pにおける電位を $V_P$ とすると，

$$V_P = k\frac{Q}{\sqrt{p^2+a^2}} + k\frac{Q}{\sqrt{p^2+a^2}} = \frac{2kQ}{\sqrt{p^2+a^2}} \;\text{(V)}$$

---

**POINT** 電場と電位の合成

電場の合成はベクトルの和で，電位の合成はスカラー和である。

---

(5) 点電荷にはたらく静電気力の大きさを $F$ とすると，$p=-\sqrt{3}\,a$ として，

$$F = \left| -Q\frac{2kQ|-\sqrt{3}\,a|}{\{(-\sqrt{3}\,a)^2+a^2\}^{\frac{3}{2}}} \right| = \frac{2\sqrt{3}\,kQ^2a}{(4a^2)^{\frac{3}{2}}} = \frac{\sqrt{3}\,kQ^2}{4a^2} \;\text{(N)}$$

(6) $p=-\sqrt{3}\,a$ として $V_P = \dfrac{2kQ}{\sqrt{(-\sqrt{3}\,a)^2+a^2}} = \dfrac{kQ}{a}$ であり，点Oの電位を $V_0$ とすると，

$$V_0 = k\frac{Q}{a} + k\frac{Q}{a} = \frac{2kQ}{a}$$

よって，点電荷が原点Oに達したときの速さを $v_0$ とすると，エネルギー保存の法則より，

$$\frac{1}{2}mv_0^2 + (-Q)\frac{2kQ}{a} = (-Q)\frac{kQ}{a}$$

よって，

$$v_0 = Q\sqrt{\frac{2k}{ma}} \;\text{(m/s)}$$

## 23 コンデンサー回路

(1) $\dfrac{C_1}{C_1+C_2}E$　(2) $\dfrac{C_1C_2}{(C_1+C_2)(C_2+C_3)}E$　(3) $\dfrac{C_1}{C_1+C_2+C_3}E$　(4) $\dfrac{C_1-2C_2}{2C_3}$

### 解答へのアプローチ

コンデンサーの電気容量（静電容量ともいう）を $C$，かかる電圧を $V$ とするとき，

帯電量：$Q=CV$

静電エネルギー：$U=\dfrac{1}{2}QV=\dfrac{1}{2}CV^2=\dfrac{Q^2}{2C}$

### 平行平板コンデンサーの電気容量

極板面積を $S$，極板間隔を $d$，極板間を占める物質の誘電率を $\varepsilon$，比誘電率を $\varepsilon_r$，真空の誘電率を $\varepsilon_0$ とすると，

$$C=\varepsilon\dfrac{S}{d}=\varepsilon_r\varepsilon_0\dfrac{S}{d}$$

### 解説

(1) このときのコンデンサー1の極板間の電位差を $V_1'$ とすると，電圧の関係より，

$V_1'+V_1=E$

コンデンサー1と2の接続部分は電気的に孤立していて，電荷の和ははじめの0から変わらないから（電荷保存），

$-C_1V_1'+C_2V_1=0$

以上2式から $V_1'$ を消去して，

$$V_1=\dfrac{C_1}{C_1+C_2}E$$

POINT コンデンサー回路

電気的に孤立している部分に着目して電荷保存の式を立てる。

(2) コンデンサー2と3の上側の電荷の総和は，スイッチ $S_1$ を開いてスイッチ $S_2$ を閉じた直後の $C_2V_1+0=\dfrac{C_1C_2}{C_1+C_2}E$ から変わらないから（電荷保存），

$C_2V_2+C_3V_2=\dfrac{C_1C_2}{C_1+C_2}E$　よって　$V_2=\dfrac{C_1C_2}{(C_1+C_2)(C_2+C_3)}E$

(3) このときのコンデンサー1の極板間の電位差を $V_3'$ とすると，電圧の関係より，

$V_3'+V_3=E$

コンデンサー1と2と3の接続部分は電気的に孤立していて，電荷の和ははじめの0から変わらないから（電荷保存），

$-C_1V_3'+C_2V_3+C_3V_3=0$

以上2式から $V_3'$ を消去して，

$$V_3=\dfrac{C_1}{C_1+C_2+C_3}E$$

(4) コンデンサー3の極板間を比誘電率が $\varepsilon_r$ の誘電体で満たすと，極板間の誘電率が $\varepsilon_0 \to$

$\varepsilon_r \varepsilon_0$ となるので，コンデンサー 3 の静電容量は $\varepsilon_r C_3$ となる。コンデンサー 2 の極板間の電位差を $V_4$ とすると，題意により，コンデンサー 1 の極板間の電位差は $\dfrac{V_4}{2}$ となる。

一方，コンデンサー 1 と 2 と 3 の接続部分の電荷保存より，

$$-C_1 \frac{V_4}{2} + C_2 V_4 + \varepsilon_r C_3 V_4 = 0 \qquad \text{よって} \qquad \varepsilon_r = \frac{C_1 - 2C_2}{2C_3}$$

なお，電圧の関係から，

$$V_4 + \frac{V_4}{2} = E \qquad \text{よって} \qquad V_4 = \frac{2}{3}E$$

## 24 誘電体の挿入とエネルギー

(1) $\varepsilon_0 \dfrac{S}{d}$　　(2) $\dfrac{1}{2}CE$　　(3) $\dfrac{1}{4}CE^2$　　(4) $\dfrac{1}{2}CE^2$

(5) $\dfrac{1}{4}CE^2$　　(6) $\dfrac{\varepsilon}{\varepsilon_0+\varepsilon}CE$　　(7) $\dfrac{\varepsilon-\varepsilon_0}{4(\varepsilon_0+\varepsilon)}CE^2$

### 解答 へのアプローチ

**コンデンサーに関するエネルギー保存の用い方**

　コンデンサーの静電エネルギーの変化を $\varDelta U$，コンデンサーにした仕事を $W$，電池のした仕事を $w$，回路で発生するジュール熱を $H$ とする。

① スイッチが開いていて電荷の移動がないとき：

$$\varDelta U = W$$

② スイッチが閉じていて電荷の移動があるとき：

$$\varDelta U + H = W + w$$

**電池の仕事**

　電圧の単位〔V〕=〔J/C〕であるから，起電力 $E$〔V〕の電池は起電力の向きに通過する電荷に $1$ C につき $E$〔J〕の割合でエネルギーを与える。すなわち，電荷 $Q$〔C〕が起電力の向きに通過したとき，電池のした仕事 $w$ は，

$$w = QE \,〔\text{J}〕$$

なお，電荷が起電力の向きと逆に移動するとき，電池は $1$ C につき $E$〔J〕の割合でエネルギーを奪う。

### 解説

(1) 平行板コンデンサーの電気容量の式であるから，

$$C = \varepsilon_0 \dfrac{S}{d} \,〔\text{F}〕$$

(2) $C_1$，$C_2$ の電気量を $Q_1$，$Q_2$ とすると，十分に時間が経過したとき電荷の移動は完了して，回路に電流は流れないので，抵抗に電圧はかからなくなる。よって，電圧の関係式は，

$$\frac{Q_1}{C} + \frac{Q_2}{C} = E$$

一方，$C_1$，$C_2$ の接続部分の電荷保存より，

$$Q_1 - Q_2 = 0$$

以上 2 式より，

$$Q_1 = Q_2 = \frac{1}{2}CE \,〔\text{C}〕$$

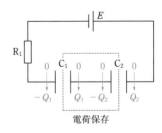

電荷保存

(3) $C_1$，$C_2$ の静電エネルギーの和を $U$ とすると，

$$U = \frac{Q_1{}^2}{2C} + \frac{Q_2{}^2}{2C} = \frac{1}{4}CE^2 \,〔\text{J}〕$$

(4) 電池を $Q_2$ の電荷が移動したから，電池のした仕事を $w$ とすると，

$$w = Q_2 E = \frac{1}{2}CE^2 \,〔\text{J}〕$$

(5) はじめ $C_1$, $C_2$ は帯電していなかったので静電エネルギーも 0 である。よって，$C_1$, $C_2$ の静電エネルギーの変化は $U$ となる。$R_1$ で発生したジュール熱を $H$ とすると，回路でエネルギーの関係を考えて，

$$U + H = w \qquad よって \qquad H = w - U = \frac{1}{4}CE^2 \text{〔J〕}$$

> ─── **POINT** コンデンサー回路のエネルギー ───────
> 回路に電流が流れるかどうかでエネルギーの関係を考える範囲が変わる。

(6) 極板間の物質の誘電率が $\varepsilon$ であるから，このときの $C_1$ の電気容量は $\dfrac{\varepsilon}{\varepsilon_0}C$ となる。

よって，$C_1$, $C_2$ の電気量を $Q_1{}'$, $Q_2{}'$ とすると，電圧の関係式は，

$$\frac{Q_1{}'}{\dfrac{\varepsilon}{\varepsilon_0}C} + \frac{Q_2{}'}{C} = E$$

一方，$C_1$, $C_2$ の接続部分の電荷保存より，

$$Q_1{}' - Q_2{}' = 0$$

以上 2 式より，

$$Q_1{}' = Q_2{}' = \frac{\varepsilon}{\varepsilon_0 + \varepsilon}CE \text{〔C〕}$$

(7) $C_1$, $C_2$ の静電エネルギーの変化を $\Delta U$ とすると，

$$\Delta U = \frac{Q_1{}'^2}{2\dfrac{\varepsilon}{\varepsilon_0}C} + \frac{Q_2{}'^2}{2C} - U = \frac{\varepsilon}{2(\varepsilon_0 + \varepsilon)}CE^2 - \frac{1}{4}CE^2 = \frac{\varepsilon - \varepsilon_0}{4(\varepsilon_0 + \varepsilon)}CE^2 \text{〔J〕}$$

## 25 ブリッジ回路

(1) $\dfrac{R_1R_2+R_2R_3}{R_1R_2+R_2R_3+R_3R_1}E$

(2) 端点O上：$I_g=\dfrac{R_1}{R_1R_2+R_2R_3+R_3R_1}E$，向きはA→B

　　端点P上：$I_g=\dfrac{R_2}{R_1R_2+R_2R_3+R_3R_1}E$，向きはB→A

(3) 減少する，理由：OB間の電圧は不変でOAB間の抵抗値が大きくなるから

(4) $\dfrac{R_2}{R_1+R_2}E$　　(5) $\dfrac{R_1}{R_1+R_2}l$

### 解答 へのアプローチ

**抵抗と抵抗率**

　　長さ$l$，断面積$S$の抵抗の抵抗値を$R$，抵抗率を$\rho$とすると，

$$R=\rho\dfrac{l}{S}$$

　　したがって，断面積$S$が一定の抵抗線では抵抗率$\rho$が等しいので，問題に「抵抗値が長さに比例する」と与えられている。

**キルヒホッフの法則**

**第1法則：回路の一点で**

　　流入電流の和＝流出電流の和

**第2法則：閉回路で**

　　起電力の和＝電圧降下の和

### 解説

(1) 接点Aが端点O上にあるとき，回路は右図と等価である。よって，抵抗値$R_1$，$R_2$の抵抗にかかる電圧を$V_1$，$V_2$とすると，電池→抵抗値$R_1$の抵抗→抵抗値$R_2$の抵抗→電池にキルヒホッフの第2法則を用いて，

$$V_1+V_2=E$$

点Bでキルヒホッフの第1法則を用いて，

$$\dfrac{V_1}{R_1}+\dfrac{V_1}{R_3}=\dfrac{V_2}{R_2}$$

以上2式より，

$$V_1=\dfrac{R_1R_3}{R_1R_2+R_2R_3+R_3R_1}E,\quad V_2=\dfrac{R_1R_2+R_2R_3}{R_1R_2+R_2R_3+R_3R_1}E$$

点Bの電位は$V_2$に等しい。

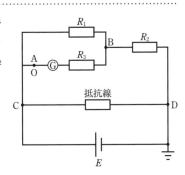

第4章 電磁気

(2) 接点Aが端点O上にあるとき，(1)より，

$$I_g = \frac{V_1}{R_3} = \frac{R_1}{R_1 R_2 + R_2 R_3 + R_3 R_1} E, \quad 向きはA \to B$$

接点Aが端点P上にあるとき，回路は右図と等価である。よって，抵抗値$R_1$，$R_2$の抵抗にかかる電圧を$V_1'$，$V_2'$とすると，電池→抵抗値$R_1$の抵抗→抵抗値$R_2$の抵抗→電池にキルヒホッフの第2法則を用いて，

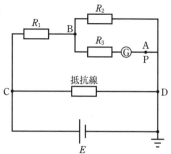

$$V_1' + V_2' = E$$

点Bでキルヒホッフの第1法則を用いて，

$$\frac{V_1'}{R_1} = \frac{V_2'}{R_2} + \frac{V_2'}{R_3}$$

以上2式より，

$$V_1' = \frac{R_1 R_2 + R_3 R_1}{R_1 R_2 + R_2 R_3 + R_3 R_1} E, \quad V_2' = \frac{R_2 R_3}{R_1 R_2 + R_2 R_3 + R_3 R_1} E$$

よって，

$$I_g = \frac{V_2'}{R_3} = \frac{R_2}{R_1 R_2 + R_2 R_3 + R_3 R_1} E, \quad 向きはB \to A$$

(3) 端点Oから端点Pの方向にわずかにスライドさせたときのOB間の抵抗値を$R_3'$とすると，$R_3' > R_3$ となる。移動はわずかであるからCB間の電圧は変わらないとみなせる。したがって，検流計に流れる電流$I_g$は減少する。

┌─ **POINT** 微小変化 ─────
│ 変化に「わずかに」「微小」とあったら，「〜の変化が無視できる程度に小さい」と考えて，出題者が「〜」を何にしたかを考えてみる。
└────────────

(4) $I_g = 0$ となるとき，抵抗値$R_1$の抵抗に流れる電流は，抵抗値$R_2$の抵抗に流れる電流に等しい。よって，これを$I$と置くと，

$$R_1 I + R_2 I = E \quad より \quad I = \frac{E}{R_1 + R_2}$$

よって，点Bの電位は，

$$R_2 I = \frac{R_2}{R_1 + R_2} E$$

(5) OA間の抵抗を$R_{OA}$，AP間の抵抗を$R_{AP}$とし，抵抗値$R_1$の抵抗に流れる電流を$I_1$，抵抗線に流れる電流を$I_2$とする。$I_g = 0$ となるとき，CB間とCA間，BD間とAD間の電圧がそれぞれ等しい。よって，

$$R_1 I_1 = R_{OA} I_2 \quad および \quad R_2 I_1 = R_{AP} I_2$$

ここで，OA$= x$ として，

$$\frac{R_1}{R_2} = \frac{R_{OA}}{R_{AP}} = \frac{x}{l-x} \quad より \quad x = \frac{R_1}{R_1 + R_2} l$$

## 26 非直線抵抗を含む回路

問1 (1) ⑧ (2) ④ (3) ⑩ (4) ⑤ (5) ④
問2 (1) ⑦ (2) ⑩
問3 ⑧

### 解答 へのアプローチ

**非直線抵抗**

抵抗値が変化するので，キルヒホッフの第2法則など回路の条件と，特性曲線や特性を表す式など「生まれつきの（作られたときからもつ固有の）」条件を同時に満たすと考える。この際，共にグラフで考えて交点を求めるか，共に式で考えて連立する。

### 解説

問1 (1) 導体に電圧を加えると，導体内部には電場 (⇨⑧) が生じる。

**参考** 電場の強さの単位は〔N/C〕であるが，〔V〕＝〔J/C〕＝〔Nm/C〕であるから，〔V/m〕と書くこともできる。すなわち電場の強さ $E$〔N/C〕の一様電場では，電場の向きに 1 m 移動する毎に電位が $E$〔V〕下がる。

(2) 導体中の自由電子 (⇨④) は電場により力を受けて加速する。

(3) 導体の原子は自由電子を出して正に帯電している。すなわち，陽イオン (⇨⑩) になっている。また，絶対零度でない限り原子・分子は熱運動をしている。

(4) 電気抵抗のある導体に電流が流れるとジュール熱 (⇨⑤) が発生する。

(5) フィラメントの温度が上昇して陽イオンの熱運動が激しくなると，自由電子 (⇨④) の運動が妨げられる割合が増加し，電気抵抗が大きくなる。

問2 (1) 抵抗値 2.5 Ω の抵抗に電池の起電力 5.0 V がかかるから，流れる電流 $I_1$ は，

$$I_1 = \frac{5.0}{2.5} = 2.0 \text{ A} \quad (\Rightarrow ⑦)$$

(2) 電球にも電池の起電力 5.0 V がかかるから，問題の図1の特性曲線の 5.0 V のときの電流値を読んで，

$$I_2 = 1.0 \text{ A} \quad (\Rightarrow ⑩)$$

問3 図3の回路で電球にかかる電圧を $V_3$ とすると，キルヒホッフの第2法則より，

$$5.0 = 2.5 I_3 + V_3$$

一方，問題に与えられた特性を表す式より，

$$V_3 = 5 I_3^2$$

以上2式より，$V_3$ を消去して，

$$5.0 = 2.5 I_3 + 5 I_3^2 \quad \text{すなわち} \quad 1.0 = 0.5 I_3 + I_3^2$$

よって，解の公式を用いて，

$$I_3 = \frac{1}{2}(-0.5 \pm \sqrt{0.5^2 + 4.0}) = \frac{1}{4}(-1 \pm \sqrt{17})$$

題意より，$I_3 > 0$ であるから，

$$I_3 = \frac{1}{4}(-1 + \sqrt{17}) \fallingdotseq 0.8 \text{ A} \quad (\Rightarrow ⑧)$$

POINT 非直線抵抗

回路の条件と特性曲線の交点，あるいは回路の条件と特性を表す式の連立で求める。

**別解≫** 図1の特性曲線を使って解くこともできる。キルヒホッフの第2法則より，得られる

$$5.0 = 2.5I_3 + V_3$$

を図1に描き込むと，次図のような直線となる。

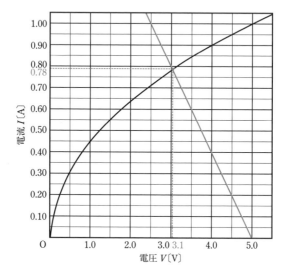

よって，交点を読んで，およそ

$$I_3 = 0.78\,\text{A}, \quad V_3 = 3.1\,\text{V}$$

**参考** 直線のグラフを描く場合2点を決めて結べばよい。よって，

$$5.0 = 2.5I_3 + V_3$$

より，

$$I_3 = 0\,\text{A} \quad \text{のとき} \quad V_3 = 5.0\,\text{V}$$

$$V_3 = 2.5\,\text{V} \quad \text{のとき} \quad I_3 = 1.0\,\text{A}$$

の2点を考える。

## 27 コイルに生じる誘導起電力

**問 1** (1) $B_0bvt$　　(2) $B_0ab$

(3) $B_0b(3a-vt)$　　(4) $\dfrac{B_0bv}{R}$

**問 2**　誘導電流〔A〕　　　　　　　　**問 3**　外力〔N〕

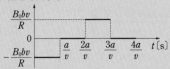

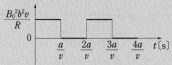

**問 4**　$\dfrac{2B_0{}^2ab^2v}{R}$ 〔J〕

**問 5**　$\dfrac{2B_0{}^2ab^2v}{R}$ 〔J〕

**解答 へのアプローチ**

### ファラデーの電磁誘導の法則

　　$N$ 回巻きの回路を貫く磁束が時間 $\Delta t$ に $\Delta\Phi$ だけ変化するとき，生じる誘導起電力 $V$ は，

$$V=-N\frac{\Delta\Phi}{\Delta t}$$

　　ここで，負号「－」は磁束の変化を妨げる向きに誘導電流を流そうとする誘導起電力が発生するというレンツの法則を表している。

**解説**

**問 1**　(1)　時間 $0\leqq t\leqq\dfrac{a}{v}$ では，コイルは磁場中に入って行く。コイルの辺 BC の $x$ 座標は $vt$ であるから，磁場内にあるコイルの部分の面積は

　　$bvt$

である。よって，コイルを貫く磁束を $\Phi$ とすると，

　　$\Phi=B_0bvt$ 〔Wb〕

(2)　時間 $\dfrac{a}{v}\leqq t\leqq\dfrac{2a}{v}$ では，コイルはすべて磁場中に入っているから，磁場内にあるコイルの部分の面積は

　　$ab$

である。よって，コイルを貫く磁束を $\Phi$ とすると，

　　$\Phi=B_0ab$ 〔Wb〕

(3)　時間 $\dfrac{2a}{v}\leqq t\leqq\dfrac{3a}{v}$ では，コイルは磁場から出て行く。コイルの辺 BC の $x$ 座標は $vt$ であるから，磁場内にあるコイルの部分の面積は

　　$b\{a-(vt-2a)\}=b(3a-vt)$

である。よって，コイルを貫く磁束を $\Phi$ とすると，

　　$\Phi=B_0b(3a-vt)$ 〔Wb〕

(4)　(1)～(3)より，コイルに生じる誘導起電力の大きさを $V$ とすると，

第4章　電磁気

時間 $0 \leqq t \leqq \dfrac{a}{v}$ では，$V = \left| -\dfrac{\varDelta\Phi}{\varDelta t} \right| = B_0 bv$〔V〕

時間 $\dfrac{a}{v} \leqq t \leqq \dfrac{2a}{v}$ では，$V = \left| -\dfrac{\varDelta\Phi}{\varDelta t} \right| = 0$ V

時間 $\dfrac{2a}{v} \leqq t \leqq \dfrac{3a}{v}$ では，$V = \left| -\dfrac{\varDelta\Phi}{\varDelta t} \right| = B_0 bv$〔V〕

となる。誘導電流の大きさは $\dfrac{V}{R}$ であるから，最大値を $I_0$ とすると，

$$I_0 = \dfrac{B_0 bv}{R}\ 〔\mathrm{A}〕$$

**参考** ファラデーの電磁誘導の法則を用いるには，微分を使ってもよい。例えば，時間 $0 \leqq t \leqq \dfrac{a}{v}$ では，

$$\Phi = B_0 bvt \quad より \quad V = \left| -\dfrac{d\Phi}{dt} \right| = B_0 bv$$

とする。

　または解説のように，$\Phi = B_0 bvt$ より，時間 $\varDelta t$ 後に

$$\Phi + \varDelta\Phi = B_0 bv(t + \varDelta t)$$

となるから，2式より

$$\varDelta\Phi = B_0 bv\varDelta t$$

として，$V = \left| -\dfrac{\varDelta\Phi}{\varDelta t} \right|$ に代入して求める。

**問2** 誘導電流の向きは，レンツの法則より，磁束の変化を妨げる向きであるから，時間 $0 \leqq t \leqq \dfrac{a}{v}$ では，$z$ 軸の正方向に貫く磁束が増えるので，これを妨げる $z$ 軸の負方向の磁束をつくるような誘導電流が流れる。この流れは，右ねじの法則より，コイルの A→B の向きであり，電流は負となるので，

$$-I_0 = -\dfrac{B_0 bv}{R}\ 〔\mathrm{A}〕$$

時間 $\dfrac{a}{v} \leqq t \leqq \dfrac{2a}{v}$ では，誘導起電力は 0 V であり，誘導電流も 0 A となる。

時間 $\dfrac{2a}{v} \leqq t \leqq \dfrac{3a}{v}$ では，$z$ 軸の正方向に貫く磁束が減るので，これを妨げる $z$ 軸の正方向の磁束をつくるような誘導電流が流れる。この流れは，右ねじの法則より，コイルの B→A の向きであり，電流は正となるので

$$I_0 = \dfrac{B_0 bv}{R}\ 〔\mathrm{A}〕$$

以上より，解答のグラフを得る。

問3　コイルに流れる電流が磁場から受ける力とつりあう外力を加えて一定の速さで動かす。コイルを流れる電流が磁場から力を受けるのは，右図のように，コイルに電流が流れる時間 $0 \leqq t \leqq \dfrac{a}{v}$ と時間 $\dfrac{2a}{v} \leqq t \leqq \dfrac{3a}{v}$ である。コイルの辺 AB と CD が受ける力は互いに逆向きで同じ大きさとなるので打ち消しあう。したがって時間 $0 \leqq t \leqq \dfrac{a}{v}$ にコイルの辺 BC が受ける力と，時間 $\dfrac{2a}{v} \leqq t \leqq \dfrac{3a}{v}$ にコイルの辺 AD が受ける力を考えればよい。また，この電流が

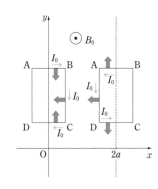

磁場から受ける力の向きは，フレミングの左手の法則より，共に $x$ 軸の負方向である。したがって，時間 $0 \leqq t \leqq \dfrac{a}{v}$ と時間 $\dfrac{2a}{v} \leqq t \leqq \dfrac{3a}{v}$ に外力を $x$ 軸の正方向に加え，その外力の大きさは

$$I_0 B_0 b = \dfrac{B_0{}^2 b^2 v}{R} \text{〔N〕}$$

である。これより解答のグラフを得る。

─ POINT 磁場中を運動するコイル ───────────

磁場に入るときと出るときに，共に運動を妨げる向きに磁場から力を受ける。

問4　電流が流れているときにジュール熱は発生するので，コイルに発生した熱エネルギーは，

$$I_0{}^2 R \left( \dfrac{a}{v} + \dfrac{a}{v} \right) = \dfrac{2 B_0{}^2 a b^2 v}{R} \text{〔J〕}$$

問5　問3で考えたように，磁場中に入って行くときと磁場から出て行くとき，共に距離 $a$ だけ運動する間に外力は仕事をする。よって，外力のした仕事量は，

$$I_0 B_0 b (a + a) = \dfrac{2 B_0{}^2 a b^2 v}{R} \text{〔J〕}$$

## 28 磁場中を運動する導体棒の電磁誘導

**問1** (1) ⓑ (2) ⓒ (3) ⓗ (4) ⓔ (5) ⓚ

**問2** $mg\sin\theta$ 〔N〕　　**問3** $\dfrac{vBl\cos\theta}{R}$ 〔A〕

**問4** $I = 4.9\,\text{A}$, $P = 7.2\,\text{W}$

### 解答 へのアプローチ

**磁場中で運動する導体棒に生じる誘導起電力**

誘導起電力の大きさ $V$ は,「単位時間に切る磁束」と考えて求める。

**磁場中の現象の向き**

磁場中の現象の向きを考えるには,右図のように親指だけを離して開いた右手のひらを用いることができる。親指を「原因」の向き,他の4本の指を「磁場」の向きとすると,右手のひらに垂直に右手のひらから飛び出す向きが「結果」の向きとなる。

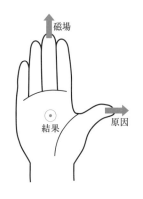

磁束密度の大きさ $B$ の磁場と垂直に流れる大きさ $I$ の電流の長さ $l$ の部分が受ける力の大きさ $F = IBl$ では,「原因」は電流 $I$ で「結果」は力 $F$ である。

磁束密度の大きさ $B$ の磁場と垂直に速度 $v$ で運動する電荷 $q$ の荷電粒子が受ける力の大きさ $f = |q|vB$ では,「原因」は速度 $v$ で「結果」は力 $f$ である。ただし,電荷 $q$ には正負があるので,$q$ が負の場合は「結果」が逆向きとなる。

磁束密度の大きさ $B$ の磁場と垂直に速度 $v$ で運動する長さ $l$ の導体棒に生じる誘導起電力 $V = vBl$ では,「原因」は速度 $v$ で「結果」は誘導起電力 $V$ である。

### 解説 ......................................................................................

**問1** (1) スイッチ S を①側に入れると,電池→抵抗値 $R$ の抵抗→導体棒 PQ→電池と電流が流れる。よって,導体棒 PQ 上を流れる電流の向きは**Q から P**（⇨ⓑ）。

(2) フレミングの左手の法則より,導体棒 PQ を流れる電流は磁場から図の右向き（**aからb**（⇨ⓒ）**の向き**）に力を受けて動き出す。

**別解》**「解答へのアプローチ」の右手を用いる方法を用いる。電流が原因で力を受けるから,親指を電流の向き Q から P に合わせ,揃えた4本の指を磁場の向きである紙面に垂直上向きに合わせると,結果である力の向きは手のひらの向きであるから,図の右向き（aからbの向き）となる。

(3) スイッチ S を①側に入れた直後は,導体棒 PQ の速度は 0 とみなせ,誘導起電力も発生しない。よって,抵抗値 $R$ の抵抗に電池の起電力 $E$ がかかるから,導体棒 PQ を流れる電流の大きさ $I$ は,

$$I = \frac{E}{R} \quad (\Rightarrow ⓗ)$$

⑷, ⑸　導体棒 PQ の速度を $v$ とし，速度変化が無視できる微小時間 $\Delta t$ を考えると，この間に導体棒 PQ のレール間の部分が切る磁束 $\Delta\Phi$ は，

$$\Delta\Phi = B \cdot l \cdot v \Delta t$$

となる。よって，発生する誘導起電力の大きさ $V$ は，単位時間の磁束の変化を考えて，

$$V = \frac{\Delta\Phi}{\Delta t} = vBl$$

で，誘導起電力の向きは「解答へのアプローチ」の右手を用いる方法より，P から Q の向きとなる。

> **POINT** 磁場中を運動する導体棒
>
> 誘導起電力は単位時間に切る磁束。

　　このとき回路に流れる電流の大きさ $I$ は，

$$E - vBl = RI \qquad \text{より} \qquad I = \frac{E - vBl}{R}$$

よって，導体棒 PQ の加速度を図の右向きに $a$ とすると，運動方程式は，

$$ma = IBl = \frac{E - vBl}{R} Bl$$

これより，加速度 $a > 0$ であれば $v$ は徐々に大きくなるので，結果として上式の $a$ は小さくなる。やがて，$a = 0$ となると $I = 0$（⇨ⓔ）となり，導体棒 PQ の速さは一定（⇨ⓚ）となる。

**問2**　重力の斜面方向成分の大きさであるから，

$$F = mg\sin\theta \,\text{(N)}$$

**問3**　「導体棒が一定の速さ $v$ (m/s) で動いているとする」という題意から，導体棒 PQ に生じる誘導起電力を考える。磁束密度のレール面に垂直な方向成分は，$B\cos\theta$ であるから，導体棒 PQ に生じる誘導起電力の大きさ $V$ は，**問1** と同様に考えて，

$$V = B\cos\theta \cdot l \cdot v = vBl\cos\theta$$

で，向きは Q から P となる。このとき回路に流れる電流の大きさ $I$ は，スイッチを②側に入れているので，

$$vBl\cos\theta = RI \qquad \text{より} \qquad I = \frac{vBl\cos\theta}{R} \,\text{(A)}$$

**問4**　導体棒 PQ の速さが一定より，レール方向の力のつりあいを考えて，

$$IBl\cos\theta = mg\sin\theta = F \qquad \text{よって} \qquad I = \frac{F}{Bl\cos\theta}$$

与えられた数値を代入して，

$$I = \frac{0.98}{\sqrt{2} \times 0.20\cos 45°} = 4.9\,\text{A}$$

また，消費電力 $P$ は，

$$P = I^2 R = 4.9^2 \times 0.30 \fallingdotseq 7.2\,\text{W}$$

## 29 過渡現象と定常状態, 電気振動

(1) $\dfrac{V}{R}$　　(2) $\dfrac{V}{2R}$　　(3) 電気量：$\dfrac{1}{2}CV$, 静電エネルギー：$\dfrac{1}{8}CV^2$

(4) 振動電流の最大値：$\dfrac{V}{2}\sqrt{\dfrac{C}{L}}$, 周期：$2\pi\sqrt{LC}$　　(5) $\dfrac{3V}{2R}$

### 解答 へのアプローチ

**過渡現象と定常状態**

　スイッチを入れた直後

　　コンデンサー：電荷の変化は無視できる

　　コイル：電流の変化は無視できる

　スイッチを入れて十分時間

　　コンデンサー：電荷の変化はなくなり, 電流は 0

　　コイル：電流の変化はなくなり, かかる電圧は 0

**電気振動と単振動の対応**

　コイルの自己インダクタンス $L$ は電流 $I$ を保とうとする性質の大きさを表し, 電流 $I$ によって変化するのが電荷 $Q$ である。一方, 質量 $m$ は速度 $v$ を保とうとする性質の大きさを表し, 速度 $v$ によって変化するのが変位 $x$ である。したがって, 対応関係を「電気振動↔単振動」と表すと, $L \leftrightarrow m$, $I \leftrightarrow v$, $Q \leftrightarrow x$ となる。さらに, エネルギーの対応 $\dfrac{1}{2}LI^2 \leftrightarrow \dfrac{1}{2}mv^2$ に着目すると, $\dfrac{Q^2}{2C} \leftrightarrow \dfrac{1}{2}kx^2$ と考えられ, コンデンサーの電気容量 $C$ と単振動の比例定数 $k$ の対応関係は $\dfrac{1}{C} \leftrightarrow k$ となる。よって, 周期 $T$ は,

$$T = 2\pi\sqrt{LC} \leftrightarrow T = 2\pi\sqrt{\dfrac{m}{k}}$$

と考えることができる。

### 解説

(1)　スイッチを図の A 側へ閉じた直後には, コンデンサーの帯電量の変化は無視できるので, 電荷は 0 のままで電圧も 0 である。よって, コンデンサーと並列の抵抗 2 にかかる電圧も 0 になる。すなわち, 抵抗 1 を流れた電流はすべてコンデンサー側を流れる。よって, 抵抗 1 に流れる電流を $I_1$ とすると,

$$I_1 = \dfrac{V}{R}$$

(2)　コンデンサーの帯電量は一定となり, コンデンサーに電流は流れ込まない。したがって, 抵抗 1 を流れた電流はすべて抵抗 2 を流れる。よって, 抵抗 1 に流れる電流を $I_1'$ とすると,

$$V = RI_1' + RI_1' \qquad \text{より} \qquad I_1' = \dfrac{V}{2R}$$

(3)　このとき, コンデンサーには抵抗 2 と同じ電圧 $RI_1' = \dfrac{V}{2}$ がかかるから, 蓄えられた電

気量 $Q$ は,

$$Q = C\frac{V}{2} = \frac{1}{2}CV$$

また，静電エネルギー $U$ は，

$$U = \frac{1}{2}C\left(\frac{V}{2}\right)^2 = \frac{1}{8}CV^2$$

(4) はじめコンデンサーに蓄えられていた静電エネルギーがすべてコイルに蓄えられたエネルギーとなったとき，振動電流は最大値 $I_\mathrm{m}$ をとる。よって，

$$\frac{1}{2}LI_\mathrm{m}{}^2 = \frac{1}{8}CV^2 \quad \text{より} \quad I_\mathrm{m} = \frac{V}{2}\sqrt{\frac{C}{L}}$$

単振動で速度の最大値 $v_\mathrm{m}$ が「振動中心からの変位の最大値である振幅」と「角振動数 $\omega$」との積で与えられることとの対応から，振動電流の最大値 $I_\mathrm{m}$ は「電荷の最大値 $\frac{1}{2}CV$」と「角振動数 $\omega$」との積で与えられる。よって，

$$I_\mathrm{m} = \frac{V}{2}\sqrt{\frac{C}{L}} = \frac{1}{2}CV\cdot\omega \quad \text{すなわち} \quad \omega = \frac{1}{\sqrt{LC}}$$

ゆえに，周期 $T$ は，

$$T = \frac{2\pi}{\omega} = 2\pi\sqrt{LC}$$

---

**POINT** 電気振動 ─────────────────

単振動との対応を考えるとイメージしやすい。

---

(5) 周期の2分の1の時間が経過すると，コンデンサーははじめと逆に帯電する。すなわち，図の上側の極板に $-\frac{1}{2}CV$，下側の極板に $\frac{1}{2}CV$ が帯電するので，コンデンサーおよび抵抗2は下側を高電位として $\frac{V}{2}$ の電圧がかかる。よって，抵抗1に流れる電流を $I_1''$ とすると，キルヒホッフの第2法則より，

$$V = RI_1'' - \frac{V}{2} \quad \text{すなわち} \quad I_1'' = \frac{3V}{2R}$$

## 30 荷電粒子の運動，ベータトロン

問1　(1) $qER$　(2) $\sqrt{\dfrac{2qER}{m}}$　(3) $\sqrt{\dfrac{2mE}{qR}}$　(4) $\sqrt{2}\,R$

問2　(5) $\dfrac{qR}{m}$　(6) $\dfrac{2\pi m}{qB}$　(7) $\pi aR^2\dfrac{\Delta B}{\Delta t}$　(8) $\dfrac{aR\Delta B}{2\Delta t}$　(9) $\dfrac{qaR}{2m}$

(10) 2

### 解答 へのアプローチ

#### 荷電粒子の電場内での運動

　　質量 $m$ で電荷 $q$ $(q>0)$ の荷電粒子の一様電場（強さ $E$）内での運動は，重力 $mg$ （$g$ は重力加速度の大きさ）が電場からの力 $qE$ に置き換わった放物運動と考えられる。

#### 荷電粒子の磁場内での運動

　　質量 $m$ で電荷 $q$ の荷電粒子の一様磁場（磁束密度 $B$）内での運動は，荷電粒子の速度の磁場に垂直な成分の大きさを $v_\perp$ として，磁場に垂直な面内でローレンツ力 $qv_\perp B$ を向心力とする等速円運動をする。

### 解説 ·······································································

問1　(1) 電場から大きさ $qE$ の力を受けて距離 $R$ 移動するから，電場から受ける仕事 $W$ は，

$$W=qER\,\text{〔N·m〕}$$

(2) 点 $P_2$ を通過するときの粒子の速さを $v_2$ とすると，運動エネルギーの変化と仕事の関係より，

$$\frac{1}{2}mv_2{}^2=qER \qquad よって \qquad v_2=\sqrt{\frac{2qER}{m}}\,\text{〔m/s〕}$$

(3) 空間 II の磁束密度を $B$ とすると，粒子は磁場からのローレンツ力 $qv_2B$ を向心力として，半径 $R$ の等速円運動をする。よって，運動方程式を立てて，

$$m\frac{v_2{}^2}{R}=qv_2B$$

よって，(2)の結果も用いて，

$$B=\frac{mv_2}{qR}=\frac{m}{qR}\sqrt{\frac{2qER}{m}}=\sqrt{\frac{2mE}{qR}}\,\text{〔T〕}$$

(4) 点 $P_4$ を通過するときの粒子の速さを $v_4$ とすると，運動エネルギーの変化と仕事の関係より，

$$\frac{1}{2}mv_4{}^2-\frac{1}{2}mv_2{}^2=qER \qquad よって \qquad v_4=2\sqrt{\frac{qER}{m}}\,\text{〔m/s〕}$$

空間 IV で行う粒子の等速円運動の半径を $R'$ とすると，運動方程式を立てて，

$$m\frac{v_4{}^2}{R'}=qv_4B$$

よって，$v_4=\sqrt{2}\,v_2$ として，

$$m\frac{2v_2{}^2}{R'}=q\sqrt{2}\,v_2B \qquad すなわち \qquad m\frac{\sqrt{2}\,v_2{}^2}{R'}=qv_2B$$

(3)の式と比べて,

$$\frac{\sqrt{2}}{R'}=\frac{1}{R} \qquad \text{ゆえに} \qquad R'=\sqrt{2}\,R \text{ (m)}$$

**問2** (5) 円運動の運動方程式を立てて,

$$m\frac{v^2}{R}=qvB \qquad \text{ゆえに} \qquad v=\frac{qR}{m}\times B \text{ (m/s)}$$

(6) 円運動の周期を $T$ とすると,

$$T=\frac{2\pi R}{v}=\frac{2\pi m}{qB} \text{ (s)}$$

(7) ファラデーの電磁誘導の法則より,誘導起電力の大きさを $V$ とすると,

$$V=\frac{\varDelta\Phi}{\varDelta t}=\pi a R^2\frac{\varDelta B}{\varDelta t} \text{ (V)}$$

(8) 電場の大きさを $E$ とすると,

$$E=\frac{V}{2\pi R}=\frac{aR\varDelta B}{2\varDelta t} \text{ (V/m)}$$

⎯ POINT 電場の大きさ ⎯⎯⎯⎯⎯⎯⎯⎯⎯⎯⎯⎯⎯⎯

一様電場であれば,電位差を距離で割ればよい。

(9) 円運動の運動方程式

$$m\frac{\varDelta v}{\varDelta t}=qE=\frac{qaR\varDelta B}{2\varDelta t} \qquad \text{より} \qquad \frac{\varDelta v}{\varDelta t}=\frac{qaR}{2m}\times\frac{\varDelta B}{\varDelta t} \text{ (m/s}^2)$$

(10) (9)より,

$$\varDelta v=\frac{qaR}{2m}\varDelta B$$

また,(5)より,

$$\varDelta v=\frac{qR}{m}\varDelta B$$

以上2式より,

$$\frac{qaR}{2m}=\frac{qR}{m} \qquad \text{ゆえに} \qquad a=2$$

第4章

電磁気

# 第 5 章 | 原子

## 31 光電効果

**問1** (1) b，理由は「解説」参照　(2) $\dfrac{e(V_b - V_a)\lambda_1\lambda_2}{c(\lambda_2 - \lambda_1)}$ [J·s]

(3) $\dfrac{c(\lambda_1 V_b - \lambda_2 V_a)}{(V_b - V_a)\lambda_1\lambda_2}$ [Hz]

**問2** (1) $9.9 \times 10^{-19}$ J　　(2) $2.6 \times 10^{-19}$ J　　(3) $7.3 \times 10^{-19}$ J

(4) $1.0 \times 10^{15}$ 個　　(5) $1.6 \times 10^{-4}$ A

### 解答 へのアプローチ

**光子**

振動数 $\nu$，波長 $\lambda$ の光の光子1個のエネルギー $\varepsilon$ と運動量 $p$ は，プランク定数を $h$，真空中の光の速さを $c$ として，

$$\varepsilon = h\nu = h\frac{c}{\lambda}, \quad p = \frac{h}{\lambda} = \frac{h\nu}{c}$$

**光電効果**

よく磨いた金属板に振動数 $\nu$ の光をあてるとき，飛び出す光電子の運動エネルギーの最大値を $K_0$，金属の仕事関数を $W$ とすると，プランク定数を $h$ として，

$$K_0 = h\nu - W$$

また，阻止電圧が $V_0$ のとき，

$$K_0 = eV_0$$

### 解説

**問1** (1) 陰極Kの仕事関数は変わらないから，照射する光の光子1個のエネルギーが大きいほど光電子の運動エネルギーの最大値は大きくなり，阻止電圧が大きくなる。ここで，波長が短いほど光子1個のエネルギーは大きくなる。すなわち，波長の短い $\lambda_1$ の光の方が阻止電圧が大きいので $V_b$ の方になる。

┌─ **POINT** 光電子の運動エネルギーの最大値 $K_0$ と阻止電圧 $V_0$ ─

$K_0 = eV_0$

└

(2) 陰極Kの金属の仕事関数を $W$ として，光電子の運動エネルギーの最大値 $K_0$ は，

波長 $\lambda_1$ の光：$K_0 = h\dfrac{c}{\lambda_1} - W$，$K_0 = eV_b$

波長 $\lambda_2$ の光：$K_0 = h\dfrac{c}{\lambda_2} - W$，$K_0 = eV_a$

したがって，

$$e(V_b - V_a) = hc\left(\frac{1}{\lambda_1} - \frac{1}{\lambda_2}\right) \quad よって \quad h = \frac{e(V_b - V_a)\lambda_1\lambda_2}{c(\lambda_2 - \lambda_1)} \text{ [J·s]}$$

(3) (2)で考えた仕事関数 $W$ は限界振動数 $\nu_0$ を用いて，$W = h\nu_0$ の関係がある。(2)の式より，

$$\frac{eV_b+W}{eV_a+W}=\frac{hc/\lambda_1}{hc/\lambda_2} \qquad よって \qquad W=\frac{e(\lambda_1 V_b-\lambda_2 V_a)}{\lambda_2-\lambda_1}$$

ゆえに,

$$\nu_0=\frac{W}{h}=\frac{c(\lambda_1 V_b-\lambda_2 V_a)}{(V_b-V_a)\lambda_1\lambda_2} \ (Hz)$$

> **POINT** 仕事関数 $W$ と限界振動数 $\nu_0$
>
> $W=h\nu_0$

**問2** (1) 光子1個のもつエネルギー$E$は,

$$E=h\frac{c}{\lambda}=6.6\times10^{-34}\times\frac{3.0\times10^8}{2.0\times10^{-7}}=9.9\times10^{-19} \ J$$

(2) 光電子の運動エネルギーの最大値 $K_0$ と阻止電圧 $V_0$ の関係より,

$$K_0=eV_0=1.6\times10^{-19}\times1.6\fallingdotseq2.6\times10^{-19} \ J$$

(3) 仕事関数 $W$ は,光電子の運動エネルギーの最大値 $K_0$ の式より,

$$W=E-K_0=7.3\times10^{-19} \ J$$

(4) 陰極にあたる1s間あたりの光子の数を$N$とすると,

$$N=\frac{1.0\times10^{-3}}{E}=\frac{1.0\times10^{-3}}{9.9\times10^{-19}}\fallingdotseq1.0\times10^{15} \ 個$$

(5) 電流計に流れる電流 $I_0$ は,1s間あたりの電子数が $N=1.0\times10^{15}$ 個 であるから,

$$I_0=eN=1.6\times10^{-19}\times1.0\times10^{15}=1.6\times10^{-4} \ A$$

第5章

原子

## 32 ボーアモデル

**問1** (1) $\dfrac{k_0 Z e^2}{r^2}$　**問2** (2) $\dfrac{nh}{2\pi}$　(3) $\dfrac{n^2 h^2}{4\pi^2 k_0 m Z e^2}$

**問3** (4) $-\dfrac{k_0 Z e^2}{2r_n}$　**問4** (5) $n\lambda$　**問5** (6) 1.0 倍

### 解答 へのアプローチ

**ボーアの理論（発表当時は，ボーアの仮説）**

**量子条件**

電子の軌道は次式を満たすものだけが可能で，この軌道上では電子は安定。

$$mvr = n\dfrac{h}{2\pi} \quad (n = 1,\ 2,\ 3,\ \cdots)$$

ただし，$m$，$v$，$r$ はそれぞれ電子の質量，速さ，円軌道の半径を表し，$h$ はプランク定数。なお，$n$ は量子数とよばれる。

**振動数条件**

電子は量子条件で決まる軌道間を移る際に，軌道のエネルギー準位の差に等しいエネルギーをもつ光子1個を放出・吸収する。

エネルギー準位 $E$ の軌道からエネルギー準位 $E'$ の軌道に移るとき，

$E > E'$ なら，エネルギー $h\nu = E - E'$ の光子を放出

$E < E'$ なら，エネルギー $h\nu = E' - E$ の光子を吸収

### 解説 ................................................................................

**問1** (1)　電荷 $+Ze$ の原子核のまわりを半径 $r$ の等速円運動をする電子が受ける静電気力の大きさは，

$$k_0 \dfrac{Ze \cdot e}{r^2} = \dfrac{k_0 Z e^2}{r^2}$$

**問2** (2)　ボーアの量子条件は，

$$mvr = \dfrac{nh}{2\pi}$$

(3)　電子は等速円運動しているので，運動方程式を立てて，

$$m\dfrac{v^2}{r} = \dfrac{k_0 Z e^2}{r^2}$$

(2)の式と連立して，

$$\dfrac{(mvr)^2}{mrv^2} = \dfrac{(nh/2\pi)^2}{k_0 Z e^2} \qquad \text{よって} \qquad mr = \dfrac{n^2 h^2}{4\pi^2 k_0 Z e^2}$$

$r$ について解いて，$r \to r_n$ とすると，

$$r_n = \dfrac{n^2 h^2}{4\pi^2 k_0 m Z e^2}$$

**問3** (4)　電子の全エネルギー $E_n$ は運動エネルギーと位置エネルギーの和を考えて，

$$E_n = \dfrac{1}{2}mv^2 - k_0 \dfrac{Ze \cdot e}{r_n}$$

ここで，**問2(3)**の運動方程式で $r \rightarrow r_n$ として，**問2(3)**の結果も用いると，

$$E_n = \frac{k_0 Z e^2}{2 r_n} - \frac{k_0 Z e^2}{r_n} = -\frac{k_0 Z e^2}{2 r_n} = -\frac{2\pi^2 k_0^2 m Z^2 e^4}{n^2 h^2}$$

**問4** (5) 電子のド・ブロイ波長 $\lambda$ は，$\lambda = \dfrac{h}{mv}$ であるから，**問2(2)**の式を変形して，$r \rightarrow r_n$ として，

$$2\pi r_n = n\lambda$$

**問5** (6) 原子番号 $Z=2$ の He の水素様イオン $\mathrm{He^+}$ の $n=4$ の状態から $n=2$ の状態に移るときに放出される光のエネルギー $E_1$ は，

$$E_1 = -\frac{2\pi^2 k_0^2 m 2^2 e^4}{4^2 h^2} - \left( -\frac{2\pi^2 k_0^2 m 2^2 e^4}{2^2 h^2} \right) = \frac{3\pi^2 k_0^2 m e^4}{2 h^2}$$

一方，原子番号 $Z=1$ の水素原子の $n=2$ の状態から $n=1$ の状態に移るときに放出される光のエネルギー $E_2$ は，

$$E_2 = -\frac{2\pi^2 k_0^2 m 1^2 e^4}{2^2 h^2} - \left( -\frac{2\pi^2 k_0^2 m 1^2 e^4}{1^2 h^2} \right) = \frac{3\pi^2 k_0^2 m e^4}{2 h^2}$$

よって，

$$\frac{E_1}{E_2} = 1.0 \text{ 倍}$$

---

**POINT** 放出される光のエネルギー

振動数条件の式を考える。

---

第5章

原子

## 33 原子核の崩壊

I (1) α崩壊　(2) β崩壊　(3) (イ)　(4) (エ)　II (5) 40　(6) 20
問1　16倍　問2　$2.7 \times 10^{20}$ 個　問3　$4.7 \times 10^3$ Bq　問4　$1.5 \times 10^6$ eV
問5　$1.0 \times 10$ 個/s　問6　2.5 g

### 解答 へのアプローチ

#### 放射性崩壊

　放射性同位体の原子核は不安定であり，放射線を出して別の原子核に変化する。この現象を放射性崩壊といい，原子核が自然に放射線を出す性質を放射能という。

　　α崩壊：原子核からα粒子(ヘリウム4原子核 $^4_2$He)を放出
　　　　　　$^4_2$He を放出するので，質量数は4減り，原子番号は2減る
　　β崩壊：原子核内の中性子が陽子に変わり，その際に電子(β線)を放出
　　　　　　中性子が陽子に変わるので，質量数は変わらず原子番号が1増える

　α崩壊やβ崩壊の後の原子核は励起状態にあることが多く，γ線を放出してエネルギーの低い状態となる。これをγ崩壊とよぶことがある。

#### 放射線

　エネルギーの高い粒子や波長の短い電磁波であり，放射性崩壊に伴って放出されるα線，β線，γ線のほか，中性子線，X線などがある。このうち粒子の流れはα線，β線，中性子線で，それぞれヘリウム4原子核 $^4_2$He, 電子，中性子の流れである。一方，γ線とX線は電磁波である。

#### 放射能や放射線の単位

　　ベクレル(記号 Bq)：放射能の強さを表す。1 s 間に崩壊する原子核が1個のとき，
　　　　　　　　　　　　1 Bq という。
　　グレイ(記号 Gy)：吸収線量とよばれ，放射線が物質に吸収されるとき，放射線が物質
　　　　　　　　　　　に与える影響の大きさを単位質量あたりの吸収エネルギーで表す。
　　　　　　　　　　　物質 1 kg あたりに吸収されるエネルギーが 1 J であるとき，1 Gy
　　　　　　　　　　　の吸収線量という。
　　シーベルト(記号 Sv)：等価線量とよばれ，放射線の人体に与える影響は同じ吸収線
　　　　　　　　　　　　量でも放射線の種類によって異なることを考慮した単位。
　　　　　　　　　　　　1 Gy の吸収線量のとき，X線，β線，γ線では 1 Sv，α線では
　　　　　　　　　　　　20 Sv など。
　　　　　　　　　　　　　なお，Sv は実効線量の単位としても用いられる。これは，
　　　　　　　　　　　　放射線の人体に与える影響は組織・器官によって異なるので，
　　　　　　　　　　　　その違いを考慮した係数を吸収線量にかけて，それをすべて
　　　　　　　　　　　　の組織・器官について総和をとったもので表す。
　　統一原子質量単位(記号 u)
　　　$^{12}_6$C 原子1個の質量の $\dfrac{1}{12}$ を 1 u とする。1 u＝$1.66 \times 10^{-24}$ g＝$1.66 \times 10^{-27}$ kg

**半減期**

時刻 $t=0$ での放射性原子核の数を $N_0$，時刻 $t=t$ での放射性原子核の数を $N$ とすると，半減期 $T$ を用いて，

$$N = N_0\left(\frac{1}{2}\right)^{\frac{t}{T}}$$

**質量とエネルギーの等価性**

静止している質量 $m$〔kg〕の物体が持つエネルギー $E$〔J〕は，真空中の光の速さを $c$〔m/s〕として，

$$E = mc^2$$

**解説**

I　(1)　ヘリウム $^4_2\text{He}$ の原子核を放出する崩壊を $\alpha$ 崩壊という。

(2)　原子核中の1個の中性子が電子を放出して陽子に変化する崩壊を $\beta$ 崩壊という。

(3)　放射能の強さを表す単位はベクレル (Bq) であり，1 s 間あたりに崩壊する原子核の数が1個のとき1 Bq とする。（⇨(イ)）

(4)　等価線量の単位はシーベルト (Sv) であり，放射線の人体への影響の大きさを表す。（⇨(エ)）

II　(5)　$\beta$ 崩壊であるから，質量数は変わらないので 40。

(6)　$\beta$ 崩壊であるから，原子番号は1増えるので $19+1=20$。

**問1**　地球形成時の $^{40}\text{K}$ の数を $N_0$，現在の $^{40}\text{K}$ の数を $N$ とすると，

$$N = N_0\left(\frac{1}{2}\right)^{\frac{50}{12.5}} = \frac{1}{16}N_0 \qquad \text{すなわち} \qquad \frac{N_0}{N} = 16\text{ 倍}$$

**問2**　$^{40}\text{K}$ の存在比が 0.012 % であるから，カリウム 150 g 中の $^{40}\text{K}$ の質量は

$$150 \times \frac{0.012}{100} = 0.018\text{ g}$$

である。一方，核子1個の質量が1 u であるから，$^{40}\text{K}$ 1個の質量は単位に注意して

$$1.66 \times 10^{-24} \times 40 = 6.64 \times 10^{-23}\text{ g}$$

となるから，求める $^{40}\text{K}$ の個数 $N$ は，

$$N = \frac{0.018}{6.64 \times 10^{-23}} \fallingdotseq 2.7 \times 10^{20}\text{ 個}$$

**問3**　放射能の強さは単位時間に崩壊する原子核の数で表されるので，**問2**で求めた $N$ 個の $^{40}\text{K}$ が1 s 間に崩壊する数を考える。$^{40}\text{K}$ の半減期が $4.0 \times 10^{16}$ s であることを用い，問題に与えられた近似式を用いて，

$$N - N\left(\frac{1}{2}\right)^{\frac{1}{4.0 \times 10^{16}}} = 2.7 \times 10^{20} \times \left\{1 - \left(1 - 0.69 \times \frac{1}{4.0 \times 10^{16}}\right)\right\} \fallingdotseq 4.7 \times 10^3\text{ Bq}$$

**POINT** 単位時間の崩壊数 $n$

$n = N - N\left(\dfrac{1}{2}\right)^{\frac{t}{T}}$ （$N$：現在の原子核数，$T$：半減期）

**問 4** 題意より，質量の減少分は

$$39.9640 - 39.9624 = 1.6 \times 10^{-3} \, \text{u}$$

であるから，これを kg 単位に直して質量とエネルギーの等価性の式より，求めるエネルギー $E$ は，

$$E = 1.6 \times 10^{-3} \times 1.66 \times 10^{-27} \times (3.0 \times 10^8)^2 = 2.39 \times 10^{-13} \, \text{J}$$

ここで，$1 \, \text{eV} = 1.6 \times 10^{-19} \, \text{J}$ であるから，

$$E = \frac{2.39 \times 10^{-13}}{1.6 \times 10^{-19}} \fallingdotseq 1.5 \times 10^6 \, \text{eV}$$

**問 5** $\gamma$ 崩壊を起こす $^{40}\text{Ar}^*$ の数は $^{40}\text{K}$ の数の 10.7 % であるから，**問 3** の結果より，3 g のカリウムから出てくる $\gamma$ 線の数は，

$$4.7 \times 10^3 \times \frac{3}{150} \times \frac{10.7}{100} \fallingdotseq 1.0 \times 10 \, \text{個/s}$$

**問 6** 問題の図 2 から計数率が $2.0 \times 10^{-2}$ 個/s となる水溶液 500 mL 中のカリウム含有量を読み取って，2.5 g